Neue
Kleine Bibliothek 275

W0068356

Stefan Kühner

Neue Technik,
Neue Wirtschaft,
Neue Arbeit?

Digitalisierung
Künstliche Intelligenz
Industrie 4.0

PapyRossa Verlag

© 2020 by PapyRossa Verlags GmbH & Co. KG, Köln
Luxemburger Str. 202, 50937 Köln

Tel.:	+49 (0) 221 – 44 85 45
Fax:	+49 (0) 221 – 44 43 05
E-Mail:	mail@papyrossa.de
Internet:	www.papyrossa.de

Alle Rechte vorbehalten

Umschlag: Verlag, unter Verwendung einer Abbildung von
© Weissblick / Adobe Stock [105318178]
Druck: CPI – Clausen & Bosse, Leck

Die Deutsche Nationalbibliothek verzeichnet diese Publikation in
der Deutschen Nationalbibliografie; detaillierte bibliografische
Daten sind im Internet über http://dnb.d-nb.de abrufbar

ISBN 978-3-89438-706-8

Inhalt

1.
Einleitung

»Die vierte industrielle Revolution ist nicht in erster Linie eine Revolution der Technologie, sondern eine politische Revolution.« Dies erklärte Vietnams Premierminister Nguyen Xuan Phuc während seines Aufenthalts im Januar 2019 beim World Economic Forum in Davos. Dass ausgerechnet der Premierminister eines kleinen, vermeintlich unterentwickelten Landes dies sagt, ist bemerkenswert, vermutet man dieses doch weit entfernt von Digitalisierung und Künstlicher Intelligenz. Vietnams Regierung hat erkannt, dass das Land mit dem Nähen von Kleidung und Schuhen oder der Montage von Handys keine Zukunftschancen hat. Vietnam will, ähnlich wie China, selbst zum Mitspieler in der obersten Liga der Hightech-Länder werden und für seine Bevölkerung an den Erträgen der Weltwirtschaft teilhaben. Deshalb unternimmt es große Anstrengungen, in der globalen Wirtschaft eine starke Rolle zu spielen. Ich persönlich hoffe, dass dies gelingt.

Die USA und einige Länder der EU unternehmen derzeit große Anstrengungen, um ihre eigene wirtschaftliche und militärische Vorherrschaft aufrechtzuerhalten. Sie sehen sich in ihrer Dominanz bedroht und treten zunehmend in einen gegenseitigen Wettbewerb ein. Zwei Faktoren spielen dabei eine Rolle: Das Emporkommen Chinas als starke Wirtschaftsmacht und eine anhaltende Überproduktion in vielen Wirtschaftsbereichen. Eine national ausgerichtete Vermarktung reicht nicht aus, um gute Profite zu erzielen. Durch einen neuen Schub in der Produktivkraftentwicklung versuchen vor allem die USA und die EU ihre Dominanz aufrechtzuerhalten. Dieser Vorgang ist nicht neu. »Das Bedürfnis nach einem stets ausgedehnteren Absatz für ihre Produkte jagt die Bourgeoisie über die ganze Erdkugel. Überall muss sie sich einnisten...«, heißt es im *Kommunistischen Manifest*. Die neue Phase der Globalisierung begann bereits in den 1970er Jahren mit der Verlagerung der Produktion in die Länder Asiens und Lateinamerikas. Grund war die dort billige Arbeitskraft. Die Reduzierung des Preises reichte schnell nicht mehr aus, weil die Masse der konsumierten Waren damit allein noch nicht auf eine neue Höchstquote gehoben werden konnte. Vor circa 50 Jahren waren Langlebigkeit und Funktionsqualität entscheidend für den Kauf von Produkten. Heute verführen der schnelle Wechsel in der Mode und smarte Features bei Telefonen oder Küchenausrüstungen (Stichwort Thermomix) zum ständigen Neukauf von Waren. Da diese jederzeit und stets ganz kurzfristig auf dem Markt sein müssen, besteht für die kapitalistische Wirtschaft der Zwang zu einer Verkürzung der Entwicklungszeiten und Logistikketten. Um dies zu realisieren, werden Techniken entwickelt, welche die ›Time to Market‹ radikal verkürzen. Beispiele hierfür sind die Onlineplattformen zu Waren aller Art, vom Buch bis zur Liebesbeziehung per Mausklick bezogen werden können.

Mit den neuen digitalen Techniken will das Kapital nicht nur die Produktions- und Handelsverhältnisse neu zu seinen Gunsten organisieren, sondern auch die Stellung der Beschäftigten – egal wo sie auf dem Globus leben. Künstliche Intelligenz und neue Fertigungsmethoden bewirken vermutlich den Verlust von Millionen Arbeitsplätzen – nicht nur bei uns. Die fehlenden Möglichkeiten, im Land seiner Geburt gut leben und arbeiten zu können, führten zu riesigen Migrationsbewegungen, die durch den Klimawandel und den ökologischen Raubbau der neuen Produktion noch verschärft werden. Das Unterbieten der Kosten manueller Arbeitskraft durch Automatisierung wird die Migration innerhalb der einzelnen Länder (Land-Stadt-Flucht), in den Regionen und weltweit verschärfen. Auf der anderen Seite steht der Fachkräftemangel, der auf nationaler Ebene nicht mehr in den Griff zu bekommen ist. Ein Symptom hierfür ist

das gegenseitige Abwerben von Fachkräften. Ein zweites ist das Phä-
nomen des schnellen Anwachsens von Crowdworkern, die sich über
transnationale Internetplattformen stückchenweise Kleinaufträge er-
gattern.

Durch die Reaktivierung nationalistischer Bestrebungen gelingt
es den Konzernen und Staaten, die Völker zu spalten. Der Kampf
um den eigenen Standort oder gegen den Wettbewerber droht den
Kampf um ein gemeinsames Vorgehen aller Beschäftigten zu dominieren. Ich hoffe, dass dies nicht gelingt.

Obwohl es mir widerstrebt, benutze ich im Folgenden die Begrif-
fe »Arbeitgeber« und »Arbeitnehmer« so, wie es meist üblich ist. Eigentlich müsste sie ›andersrum‹ benutzt werden, um die wirklichen
Verhältnisse zu erfassen.

2.
Etappen der industriellen Revolution

Die erste industrielle Revolution

Das Entstehen des Kapitalismus und die industrielle Revolution sind untrennbar miteinander verbunden. »Die bisherige feudale oder zukünftige Betriebsweise der Industrie reichte nicht mehr aus für den mit neuen Märkten anwachsenden Bedarf. Die Manufaktur trat an ihre Stelle. Die Zunftmeister wurden verdrängt durch den industriellen Mittelstand ... aber immer wuchsen die Märkte, immer stieg der Bedarf. Auch die Manufaktur reichte nicht mehr aus. Da revolutionierten der Dampf und die Maschinerie die industrielle Produktion. An die Stelle der Manufaktur trat die moderne große Industrie, an die Stelle des industriellen Mittelstandes traten die industriellen Millionäre, die Chefs ganzer industrieller Armeen, die modernen Bourgeois. Die große Industrie hat den Weltmarkt hergestellt, den die Entdeckung Amerikas vorbereitete. Der Weltmarkt hat dem Handel, der Schifffahrt, den Landkommunikationen eine unermessliche Entwicklung gegeben. Diese hat wieder auf die Ausdehnung der Industrie zurückgewirkt, und in demselben Maße, worin Industrie, Handel, Schifffahrt, Eisenbahnen sich ausdehnten, in demselben Maße entwickelte sich die Bourgeoisie, vermehrte sie ihre Kapitalien, drängte sie alle vom Mittelalter her überlieferten Klassen in den Hintergrund«, heißt es im ersten Abschnitt des *Kommunistischen Manifests* von Karl Marx und Friedrich Engels. [Marx-1]

Was gemeinhin mit der ersten industriellen Revolution verbunden wird, ist der Einsatz der Dampfmaschine in der industriellen Produktion und im Verkehrswesen. Sie ermöglichte, Waren schneller und in höherer Einheitlichkeit zu fertigen, als dies in einer Manufaktur möglich war. Sie brauchte dazu allerdings Arbeiter, die die Maschinen bedienten. Diese wurden ein »bloßes Zubehör der Maschine, von dem nur der einfachste, eintönigste, am leichtesten erlernbare Handgriff verlangt wird«, wie es ebenfalls im *Kommunistischen Manifest* formuliert wird. Begleitet wurde dies allerdings mit der Herausbildung einer organisierten Gegenkraft, nämlich der Arbeiterbewegung in Form von Gewerkschaften und sozialistischen Parteien.

Die zweite industrielle Revolution
Das Symbol für die zweite industrielle Revolution ist das Fließband. Die ersten Fließbänder waren in US-amerikanischen Schlachthöfen zu finden. Ohne die Beschleunigung in der Bereitstellung von Fleisch, wäre es unmöglich gewesen, den großen Zustrom an Zuwanderern zu ernähren. Diese Zuwanderer waren die benötigte Reservearmee für die industrielle Produktion. Untrennbar verbunden mit dem Fließband war die Aufsplitterung der Produktion in kleine einzelne Fertigungsschritte, dem Taylorismus. Benannt wurde diese Vorgehensweise nach Frederick W. Taylor, der den profitablen Nutzen so formulierte: »In der Vergangenheit stand der Mensch an erster Stelle – in Zukunft muss das System an erster Stelle stehen.« [ARD-1] Die Einführung der Fließbandfertigung in der Automobilproduktion durch Henry Ford war der Durchbruch für eine neue Stufe in der Warenproduktion in großen Mengen, allerdings in einer noch engen Varianz. Die Fließbandfertigung prägt bis heute die Massenfertigung in den Ländern, in denen Schuhe, Kleidung, Elektrogeräte, Handys etc. hergestellt werden.

Die dritte industrielle Revolution
Anfang der 1970er wurde die Produktion durch eine neue technische Disziplin, die elektronische Datenverarbeitung in einem großen Schub optimiert. Sie ist eng verbunden, mit dem, was ›wissenschaftlich-technische Revolution‹ genannt wird. In den Fertigungshallen bedeutete sie die Einführung von sogenannten NC-

gesteuerten Automaten[1], sowie den ersten Ansätzen einer computergesteuerten Vorbereitung und Steuerung der Produktion durch die Einführung von Systemen für rechnergestützte Konstruktion (Computer Aided Development, CAD) und Produktionsplanungs- und Steuerungssystem (PPS) aus denen sich später Enterprise-Ressource-Management-Systeme (ERP) entwickelten. Möglich wurde die dritte industrielle Revolution durch den gezielten Ausbau der Hochschulen insbesondere in den technischen Disziplinen und eine gezielte Förderung der Ausbildung durch die Finanzierung des Studiums durch öffentliche Gelder (BAFöG). Dieser Schub in der Produktivkraftentwicklung ist verbunden mit der Herausbildung einer neuen Gruppe im Produktionsprozess, den Kopfarbeitern. Mit dem Prinzip der ›gewerkschaftlichen Orientierung‹ wurde versucht, die (noch) privilegierten Informatiker*innen, Ingenieur*innen und Naturwissenschaftler*innen auf die Seite der Masse der Lohnarbeiter*Innen zu ziehen, was allerdings nur sehr eingeschränkt gelang.

Die vierte industrielle Revolution
Seit etwa zehn Jahren hat der Einfluss wissenschaftlich-technischer Erkenntnis nochmals sprunghaft zugenommen. Roboter und Automaten übernehmen weitere Arbeitsschritte in der Fertigung. Noch stärkeren Einfluss nimmt der Einsatz von Softwaresystemen in der Organisation der Arbeit, das heißt in den Büros der Unternehmen ein. Extrem stark kommt in der vierten industriellen Revolution ein Element der ersten industriellen Revolution zum Vorschein, das Karl Marx und Friedrich Engels bereits im *Kommunistischen Manifest* beschrieben, nämlich als die Auflösung aller »festen eingerosteten Verhältnisse mit ihrem Gefolge von altehrwürdigen Vorstellungen und Anschauungen.« [Marx-1]

---

1   NC-gesteuerte Automaten wurden durch austauschbare Datenträger (anfangs Lochstreifen, später Minicassetten) zur Bewegung von Werkstücken und Werkzeugen flexibel gesteuert.

3.
Die vierte industrielle Revolution

3.1
Neue Techniken, neue Produktionsverhältnisse, neue Machtstrukturen

»Das Sichere ist nicht sicher. So wie es ist, bleibt es nicht. An wem liegt es, wenn die Unterdrückung bleibt? An uns. An wem liegt es, wenn sie zerbrochen wird? Ebenfalls an uns.« Dieses Zitat von Bertolt Brecht aus seinem Gedicht »Lob der Dialektik« beschreibt, auch wenn es in einem ganz anderen Zusammenhang formuliert wurde, die Realität, die das Leben der Menschheit seit der Entstehung von Klassengesellschaften bestimmt. Brecht zeigt, dass gesellschaftliche Verhältnisse durch menschliches Handeln hervorgebracht werden, dass dieses sich in Widersprüchen vollzieht und jene veränderbar sind. Allerdings nie von alleine, sondern nur durch menschliches Handeln.

Dies gilt ganz besonders für eine Zeit, in der eine neue Technik in bisher ungekannter Geschwindigkeit die bisherigen Verhältnisse überrollt. Niemand kann vorhersagen, wo dieser Prozess endet. Viele Menschen haben Bedenken und Angst vor diesen Veränderungen der gesellschaftlichen, ökonomischen, ökologischen und technischen Verhältnisse. Aber genau das bietet grundsätzlich auch Chancen, die Entwicklung zu beeinflussen und zu steuern.

Derzeit werden neue technische Möglichkeiten der Informationstechnologien genutzt, um in Gesellschaft und Wirtschaft neue Wege zu Herstellung, Vertrieb und Verteilung von Waren zu gehen.

Dabei ist weniger menschliche Arbeitskraft nötig als jemals zuvor. Im Zusammenhang mit der Verwendung des Begriffs ›Künstliche Intelligenz‹ werden sogar Szenarien aufgestellt, in denen Roboter und Computersysteme die Herrschaft über den Menschen übernehmen und dieser nicht mehr selbst handeln kann, sondern einem Algorithmus unterworfen wird. Die Geschichte der Menschheit zeigt aber zwei Dinge. Solche Weltuntergangsgemälde hat es schon immer gegeben und sie konnten durch das bewusste Handeln von Menschen abgewendet werden.

Von alleine werden sich auch die aktuellen Verhältnisse nicht ändern. Dies gelingt nur durch das aktive Eingreifen selbstbewusster Kräfte, die sich grundsätzlich gegen die profitorientierte Vermarktung aller Objekte in Natur und Gesellschaft wenden. Dies ist weder durch Einsatz, noch Verhinderung einer bestimmten Technik möglich und auch nicht durch Datenschutzverordnungen, Mindestlöhne, Schutzparagraphen etc., so sehr diese auch nötig und nützlich sein mögen, sondern letztendlich nur durch die Überwindung des Kapitalismus. Auch wenn dies heute nicht auf der Agenda steht, so gilt es für die antikapitalistischen Kräfte doch, den Verlauf der Digitalisierung und ihre Auswirkungen im Interesse der Lohnabhängigen zu beeinflussen. Dies ist kein Kampf gegen Bits und Bytes oder Roboter. Es ist ein Kampf gegen jene, die Regeln und Gesetze ändern und gesellschaftliche Konventionen umstoßen wollen, um neue aufzustellen, die ihre Herrschaft noch umfassender machen.

Neue Geschäftsmodelle

Wenn über den Einsatz der neuen Digitaltechniken gesprochen wird, ist häufig von disruptiven Änderungen die Rede. Gemeint ist damit die Ablösung bestehender, traditioneller Geschäftsmodelle, Produkte, Technologien und Dienstleistungen durch ›innovativ‹ genannte Erneuerungen.

Beispiele: Es werden nicht mehr Kompressoren verkauft, sondern gepresste Luft. Statt Autos wird Mobilität verkauft. Jeder, der ein Auto hat, wird durch Uber zum potenziellen Taxifahrer, und

jede, die eine Wohnung hat, durch Airbnb zur Hotelchefin. In der
Finanzwelt werden Aktien ausgeliehen, um besonders hohe Profite
zu erzielen. In all diesen Fällen ist die Digitaltechnik nur Hilfsmittel,
aber nicht Ursache der Änderungen.

Eine verhältnismäßig lange Zeit haben sich die Politik, Wirtschaftsverbände und selbst die Gewerkschaften in der Diskussion
um die Digitalisierung fast ausschließlich mit der Technik befasst.
Dies ändert sich derzeit. Es sind vor allem die Wirtschaftsverbände,
die jetzt ihre Unternehmen darauf drängen, neue Geschäftsmodelle
an die erste Position ihrer Zukunftsplanungen zu stellen. Der Unter-
nehmensverband Bitkom schreibt in einem Faktenpapier 2017: »Nur
14 Prozent verfolgen mit Industrie 4.0 zuvorderst das Ziel, neue Geschäftsmodelle zu entwickeln oder bestehende Geschäftsmodelle zu
verändern. Wenn sich das nicht ändert, droht die deutsche Wirtschaft
jedoch eher früher als später ins Hintertreffen zu geraten. Denn wie
die Realität bereits heute zeigt, findet die eigentliche Revolution von
Industrie 4.0 nicht in der Produktion, sondern bei den Geschäftsmodellen statt.« [BITKOM-1]

Bis vor kurzem wurde dem Begriff Geschäftsmodell gerne noch
das Adjektiv disruptiv vorangestellt. Da disruptiv aber ziemlich deutlich macht, dass es um harte Veränderungen und Zerstörung bestehender Strukturen geht, verwenden Medien und Politik jetzt eher
den harmlosen Begriff ›neu‹, um die Veränderungen als nicht so ge-
fährlich erscheinen zu lassen.

Was sind Geschäftsmodelle – egal ob ganz allgemein, ›disruptiv‹
oder ›neu‹? Ein Geschäftsmodell ist nichts anderes, als die Art und
Weise, in der ein Produkt oder eine Dienstleistung gewinnbringend
vermarktet werden. Diese Vermarktung hat sich über Jahrhunderte hinweg gewandelt und war abhängig von den technischen und
organisatorischen Möglichkeiten, Waren zum Kunden zu bringen.
Die Römer bauten Straßen nicht nur aus militärischen Erwägungen,
sondern um Handel zu betreiben. Außer Pferden, Eseln, Ochsen
und Holzrädern gab es lange nichts. Eine deutliche Beschleunigung
des Handels ergab sich durch die Erfindungen der Eisenbahn und

des Lastkraftwagens. Durch sie werden bis heute die Waren zu den Kund*innen gebracht. Parallel zum Transport läuft die Abwicklung von Verkauf und Kaufen. Auch dies war bis in das letzte Jahrhundert ein mehr oder weniger einheitlicher Vorgang. Warenauswahl, Warenübergabe und die Bezahlung mit Bargeld waren untrennbar verbunden. Die Abschaffung der ›Lohntüte‹ und die Einführung von Bankgirokonten änderten dies. Durch das Internet wird der Bestell- und Bezahlvorgang nochmals radikal verändert. Waren können jetzt per Bild und Beschreibung auf einer Internetseite angeboten, verbindlich bestellt und durch ebenfalls im Internet angesiedelte Bezahldienste abgewickelt werden. Die Technik des Internets bot dem Handel ganz neue und für die Verbraucher durchaus bequeme Möglichkeiten.

Die Plattformökonomie

Das Internet nimmt im Handel zunehmend die Rolle eines Maklers ein, der sich zwischen Lieferanten und Kunden schiebt. Die Form, in der dies heute geschieht, sind in der Regel interaktive Internetseiten. Sie werden als ›Plattform‹ bezeichnet, und Geschäfte, die über diese Internetseiten abgewickelt werden, nennt man vereinfachend ›Plattformökonomie‹. Diese Internetseiten können nicht, wie früher, nur Texte und Bilder auf einem Bildschirm anzeigen, sondern sie wurden ergänzt durch Suchfunktionen, Funktionen zum Zusammenstellen von Informationen und sogenannte virtuelle Einkaufswagen, mit denen man dann zur ›Kasse fahren‹ kann. Bezahlt wird ebenfalls über das Internet – zum Beispiel über Bezahldienste wie PayPal. Der Versand kann zusätzlich über diese Plattformen nachverfolgt (getrackt) werden.

Diese Maklerfunktion wird nicht nur beim Verkauf von Waren immer häufiger eingesetzt, sondern auch für den Verkauf von Dienstleistungen. Für dieses ›Dazwischenschalten‹ verlangt der Makler eine Provision. Sie wird in der Regel doppelt bezahlt – vom Verkäufer mit einem prozentualen Anteil am Umsatz und vom Kunden durch seine Daten. Typische Beispiele dafür sind die Booking-

Seiten für Hotels, sogenannte Vergleichsportale oder ›Gelbe Seiten‹ (Adress- und Branchenverzeichnisse) im Internet. Allgemein lassen sich bei der Plattformökonomie vier Formen unterscheiden:

- *Das Modell Nutzerfinanzierung durch Kauf*: Hier zahlen die Nutzer*innen einmalig für eine App[2] einen bestimmten festen Betrag, der dann über einen Login-Schlüssel Zugang zu dem betreffenden Dienst öffnet.

- *Das Modell Nutzerfinanzierung durch Abonnement oder Subskription*: Statt des Kaufs zahlen Nutzer*innen eine monatliche oder jährliche Gebühr. Dieses Modell, das an die Tarifsysteme für Strom, Wasser oder Telekommunikation erinnert, erfreut sich bei Anbietern wachsender Beliebtheit. Es bringt in aller Regel für die Anbieter deutlich höhere Erträge als der einmalige Verkauf. Dies garantiert kontinuierliche und gut planbare Einnahmen. Hierzu zählt im Privatkundenbereich das Abo-Modell von Netflix. Die Anbieter für Software für Geschäftskunden wie SAP, Oracle, Autodesk setzen dieses Modell ebenfalls immer häufiger ein.

- *Das Modell Werbung*: Hier zahlen die Nutzer*innen durch Werbeanzeigen, die ihnen mehr oder weniger aufdringlich auf der Portalseite am Bildschirm angezeigt werden. Damit diese Werbung von den Werbetreibenden zielgenau geschaltet werden kann, bezahlen die Nutzer*innen mit ihren persönlichen Daten. Dies erfolgt in der Regel nicht durch explizite Eingabe, sondern durch das Aufzeichnen des Nutzungsverhaltens und die Aggregierung der Daten der gesamten Nutzergemeinde. Die geläufigsten Beispiele sind Amazon und Ebay.

- *Das Modell Anbieter-Finanzierung*: Bei diesem Modell zahlt der Anbieter der vermittelten Leistung. Er meldet seine Dienstleistung durch Zahlung einer Gebühr oder Umsatzabtretung in einem Portal an. Dies ist zum Beispiel bei den Buchungsportalen für Hotels der Fall.

---

2   App steht als Kurzbegriff für eine Anwendungssoftware (application software), die insbesondere auf mobilen Geräten wie Mobiltelefonen oder Tablet-PCs ausgeführt werden kann.

Airbnb | In manchen Fällen begnügt sich der Plattformanbieter nicht damit, sich zwischen Lieferanten und Kunden zu schieben, er hebelt vielmehr den Anbieter aus, indem er Teile der Verbraucher zu Anbietern macht. Die wohl bekanntesten Akteure sind Uber und Airbnb. Sie haben Elemente einer ›Share Economy‹ aufgegriffen und zu einem eigenen Geschäftsmodell gemacht. Dieses bleibt aber nicht in den Händen von Menschen mit Gemeinsinn, sondern wird von den großen Kapitalverwertungsgesellschaften aufgegriffen und in reine Geldmaschinen umgewandelt. Es ist auch hier nicht die Technik, die dies ursächlich so gestaltet, sondern es sind diejenigen, die die Technik und Ideen zur Ware machen. Staatliche Institutionen greifen, wenn überhaupt, nur ein, um die schlimmsten Auswüchse zu mildern. Sie sind Teil dieses Systems wie das Beispiel von Airbnb zeigt.

Dort wird der Verbraucher zum Anbieter seiner Wohnung oder von Teilen seiner Wohnung. Dies ist keine grundlegend neue Idee. Zu Messezeiten haben in Hannover schon bei der Gründung der Hannover-Messe im Jahr 1949 Privatleute ihre Kinderzimmer als Gästezimmer vermietet und sich das Geld für einen Urlaub ›verdient‹. Bei dieser Vermietung waren ebenfalls Makler (Vermittler) mit im Geschäft. Durch Internetplattformen lassen sich die Vermittlungsdienste viel schneller und unkomplizierter abwickeln als zuvor. Bilder von der Ausstattung des Quartiers, dessen Verkehrsverbindungen, Kneipen, Theater und Sportstätten in der Nähe sind durch das Internet nur einen Klick entfernt. Wie immer spielt der Preis für den Mieter des Zimmers eine wichtige Rolle. Vor allem junge Leute mit schmalem Budget nutzen solche Dienste als erste und öffnen sie für andere Verbrauchergruppen. Erreicht solch ein Dienst eine gewisse Breite, dann verlieren die bestehenden Hotels und Pensionen einen Teil der Kunden. Ob die privaten Vermieter in ihren Kommunen, ähnlich wie Hotels, Gewerbesteuer und Sondersteuern (Kurtaxe) bezahlen, ist fraglich.

Zusätzlich tritt ein Effekt auf, der gesellschaftliche Strukturen ins Wanken bringt. Da mit der Vermietung von Zimmern für wenige

Tage mehr Geld zu verdienen ist, als mit der dauerhaften Vermietung
einer Wohnung an eine Familie, wird Wohnraum dem Wohnungs-
markt entzogen. Das Geschäftsmodell von Airbnb hat in zentralen
Großstädten und beliebten Touristenorten weltweit die Bewohner
aus den bestplatzierten und schönsten Häusern innerhalb weniger
Jahre vertrieben. Gleichzeitig bot die Wohnraumverknappung Ver-
mietern die Möglichkeit, die Mieten für den verbleibenden Wohnraum in die Höhe zu treiben. Airbnb vermittelt laut Wikipedia derzeit Unterkünfte in über 191 Ländern und über 65.000 Städten. Das
Unternehmen soll einen Börsenwert von 30 Milliarden US-Dollar
haben. Es ist, wie viele andere der Plattformökonomiefirmen auch,
in der Hand großer Investmentfonds wie Blackrock, Vanguard,
Harris und DWS.

Freisprechen kann man die geschädigten Kommunen allerdings
nicht. Durch die Privatisierung städtischer Wohnungen haben sie
ihre Einflussmöglichkeiten selbst aus der Hand gegeben.

Uber | Auch Uber griff eine eigentlich gute alte Idee auf, nämlich
das Mitnehmen von Kommiliton*innen bei der Fahrt von der Uni
zur Wochenendheimfahrt. Früher lief dies mit kleinen Zettelchen
am schwarzen Brett in der Mensa oder, etwas aufwendiger, über
einen Anruf bei der Mitfahrzentrale. Travis Kalanick schuf daraus
die größte Taxifirma weltweit, ohne dass er selbst Autos kaufen,
versichern, betanken und pflegen müsste. Er hat auch keine fest
angestellten Fahrer, die er bei Krankheit, Urlaub oder in Flaute-
zeiten zu bezahlen hätte. Die Fahrer*innen bringen ihre eigenen
Autos in den Deal mit Uber ein. Alle Risiken tragen sie selbst. Von
den, eh schon auf niedriges Niveau gedrückten, Preisen für eine
Fahrt kassiert Uber ca. 25 % [T3N-1]. Die meisten Uber-Fahrer in
den USA oder auch der Schweiz, wo Uber seine Dienste zum Beispiel in Zürich anbietet, leben in prekären Verhältnissen, egal ob sie
nun ca. 3,70 Euro, wie eine neutrale Studie errechnet hat, oder 8,77
US-Dollar verdienen, wie Uber selbst behauptet. [TA-Zürich-1],
[NZZ-1]

Wie funktioniert Uber? Wer von A nach B will, meldet sich per Smartphone-App mit seinem Wunsch bei Uber. Ein registrierter Uber-Fahrer meldet sich, um die Fahrt zu übernehmen. Abgerechnet wird ebenfalls über die App. Der Fahrpreis wird über einen Bezahldienst, bei dem sich der Kunde schon angemeldet hat, automatisch abgebucht. Uber ist eines der Beispiele, die sehr anschaulich zeigen, wie durch die neue Plattformökonomie Tarife und Gesetze ausgehebelt werden.

Das Beispiel Uber zeigt aber auch, dass nicht alle Bäume der Plattformökonomie weltweit in den Himmel wachsen. In Deutschland gilt für das Taxigewerbe das Personenbeförderungsgesetz. Es sieht vor, dass nur geschulte Fahrer entgeltliche Beförderungsdienste durchführen dürfen. Sie brauchen eine Taxifahrerlizenz und den Personenbeförderungsschein. Wer selbstständig Taxiunternehmer werden will, benötigt eine Konzession. Uber wollte diese Regeln einfach unterlaufen und scheiterte. Ein Frankfurter Gericht hat im Juni 2016, nachdem Taxifahrer geklagt hatten, die Nutzung der App ›UberPop‹ verboten, und im Dezember 2017 verbot auch der Europäische Gerichtshof (EuGH) in Luxemburg die Uber-App. Er stuft die Vermittlung von privaten Fahrten als Verkehrsdienstleistung ein. Damit unterliegt der Dienst denselben Regeln wie ein normales Taxi-Unternehmen. [SPIEGEL-1], [MM-1]

Wer treibt die Digitalisierung voran?
Neben den Unternehmen, die sich von einer Digitalisierung eine deutliche Verbesserung ihrer Produktivität und damit höhere Profitraten versprechen, ist es die Finanzindustrie, die neue Geschäftsmodelle vorantreibt. »Unternehmen, die bei der Digitalisierung den Anschluss verlieren, werden sich in Zukunft nur noch schwer verkaufen.« Mit dieser Aussage fordert die Wirtschaftsprüfungs- und Beratungsgesellschaft PricewaterhouseCoopers (PwC) den Mittelstand auf, seine Unternehmen auf die Zukunft auszurichten. Sie erklärt im Schulterschluss mit den führenden Medien und der Politik, dass ohne Digitalisierung für diese Unternehmen und die deutsche

Wirtschaft ein schneller Niedergang bevorstünde: »88 Prozent der Finanzinvestoren meinten, sie würden bereits während der ›Due Diligence‹ – also bei der ersten Prüfung eines Übernahmekandidaten – sehr genau auf den Grad der Digitalisierung achten.« Und PwC fährt fort: »Je digitaler das Geschäftsmodell, desto höher die Renditen.« Auf Ihrer Homepage drängt PwC die Unternehmer zur Digitalisierung »Wir stellen generell sicher, dass unsere Unternehmen digital transformiert werden, um im Wettbewerb zu bestehen«, meinte ein PwC-Partner, eine deutsche Private-Equity-Firma, die mehr als eine Milliarde Euro verwaltet. Der Managing Director eines anderen großen Finanzinvestors sagte: »Digitale Geschäftsmodelle versprechen höhere Renditen. Wir setzen in unserem Portfolio darum immer stärker auf entsprechende Firmen.« In ganz ähnlicher Weise äußerte sich ein weiterer deutscher Beteiligungsmanager: »Wir haben in den Unternehmen, die uns gehören, mittlerweile eine ganze Reihe von Digitalisierungsprojekten umgesetzt. Die Erfahrungen, die wir damit gemacht haben, sind eindeutig: Die Wettbewerbsposition verbessert sich, was wiederum dazu führt, dass der Unternehmenswert in beträchtlichem Maße steigt.« [PwC-1]

Vor allem für Unternehmensberatungen sind Consulting und Finanzierung von Digitalisierungsvorhaben ein Riesengeschäft geworden. Die *FAZ* berichtete Ende März 2018 über einen »Digitalen Boom für die Berater« und nennt auch das Beratungsvolumen: »Die Branche wächst in Deutschland nun immerhin schon das achte Jahr in Folge. Mehr als 30 Milliarden Euro gaben Unternehmen hierzulande im vergangenen Jahr für Unternehmensberater aus.« [FAZ-1] Der Branchenverband Bitkom stellt ebenfalls ein starkes Interesse an Beratung in Sachen Digitalisierung fest. Eine Umfrage des Digitalverbands Bitkom vom Herbst 2018 unter mehr als 500 Unternehmen mit über 20 Mitarbeitern zeige, dass viele Firmen bereit seien, sich bei der digitalen Transformation Hilfe zu holen. So erklärten 28 Prozent, dass sie bereits Beratungsleistungen zu diesem Thema in Anspruch genommen haben. Ein Jahr zuvor hatte der Verband noch geklagt, dass nur 17 % solche Beratungsleistungen einkaufen. [Telekom-1]

Wer verliert

Durch die neuen Geschäftsmodelle werden vermutlich ganze Berufsgruppen wie Taxifahrer, Kassiererinnen, Versicherungsagenten, wegfallen. Zu den Verlierern der Plattformökonomie gehören fast immer die Steuerzahler. Diese Ökonomie befindet sich in der Regel in der Hand von Investmentfonds, die ihren Geschäftssitz in Steueroasen haben und dort, wo sie ihre Geschäfte machen, keine Steuern und sonstige Abgaben bezahlen.

3.2
Das Digitalisierungsprogramm der Bundesregierung

Zur Geschichte

Als 1972 an der Technischen Universität Karlsruhe (heute KIT) die erste Fakultät für Informatik ihren Betrieb aufnahm, war wohl selbst den meisten Professoren, die dort lehrten, noch nicht wirklich klar, wohin und wie schnell die Reise gehen würde. In den ersten Jahren kümmerte sich die neue Disziplin vor allem um sich selbst. Die Entwicklung von Werkzeugen, um überhaupt Datenverarbeitung betreiben zu können, stand im Vordergrund. Es ging um Programmiersprachen, Programmiermethoden, bessere Speichersysteme und die systematische Speicherung von Daten in Datenbanken. Basis für die Informatik waren mathematische Denk- und Arbeitsmuster, um die Logik von Abläufen in Algorithmen zu gießen. Die Uni Karlsruhe erkannte allerdings recht bald das Potenzial der neuen Technik für die Anwendung vor allem in der Wirtschaft und in den technischen Disziplinen. In Lothar Späth, seinerzeit Ministerpräsident von Baden-Württemberg, fand sie einen Politiker, der ihr Ende der 1970er Jahre die finanziellen Mittel für die Gründung von drei ›praxisbezogenen‹ Lehrstühlen bereitstellte. Sie erhielten die Aufgabe, sich mit der Anwendung der Informatik in den Wirtschaftswissenschaften, im Verkehrswesen und im Maschinenbau zu befassen.

Parallel dazu initiierte Späth ein Gründerzentrum für Start-up-Unternehmen, die die Resultate aus den Forschungsergebnissen dieser Institute wirtschaftlich vermarkten sollten. Das leerstehende Fabrikgebäude der ehemaligen Nähmaschinenfabrik Singer, nur zehn Minuten Fußweg vom Campus entfernt, kam da gerade recht. Aus dem Institut für Informatik im Maschinenbau entwickelten sich tatsächlich die ersten Firmen, die mit CAD-Programmen (Computer gestütztes Konstruieren) sowie mit der systematischen rechnerunterstützten Verwaltung von Produktdaten, technischen Zeichnungen und Stücklisten (PDM, PLM) Geschäfte machten. Mehrere Absolventen aus diesen Uniinstituten und Firmengründer gehörten dann auch zu den Treibern dessen, was sich heute Industrie 4.0 nennt. Die Industrie nahm die extrem teuren neuen Techniken zunächst aber kaum an. Wieder griff die Landesregierung Baden-Württembergs Mitte der 1980er Jahre mit viel Geld ein und finanzierte durch Zuschüsse den Einsatz der CAD-Technik für mittelständische Maschinenbauunternehmen.[3]

Die staatliche Digitalisierungsstrategie in Deutschland

Diese Methode der staatlichen Förderung der Produktivkraftentwicklung im Mittelstand wurde schnell von allen anderen Bundesländern übernommen. Hochschullehrer und Interessenvertreter der Industrie, wie der Verband der Deutschen Automobilindustrie (VDA) und der Verband des Deutschen Maschinen- und Anlagenbau (VDMA) traten als gemeinsame Antragsteller in Bund und den Ländern auf und organisierten Geld aus den öffentlichen Haushalten. Verbände und Professoren wollten allerdings mehr.

Ähnlich wie in der Phase der Einführung der IT-Technik, gab es in den 1980er Jahren Vorbehalte im Mittelstand, Geld für eine weitere Computerisierung im Maschinenbau in die Hand zu nehmen. Zum einen war die Branche, mit dem was sie tat, überaus erfolgreich. Warum also Änderungen vornehmen, fragten viele Unternehmen – insbesondere nachdem in der zweiten Hälfte dieses Jahrzehnts das

---

3 Die hier geschilderten Fakten stammen aus der Erfahrung des Autors während seines Studiums und seiner Arbeit an der Universität Karlsruhe, heute KIT, in den Jahren 1971 bis 1986.

›Projekt CIM (Computer Integrated Manufacturing)‹ gescheitert war. Schon da stand die Idee der vollautomatischen Fertigung auf der Agenda. Damals fehlte allerdings noch die Technik, die erst zwanzig Jahre später entwickelt wurde. Ulrich Sendler formuliert dies in seinem Buch ›Das Gespinst der Digitalisierung‹ folgendermaßen: »Anfangs herrschte Zögern vor. Vor allem der Mittelstand machte keinen Hehl daraus, dass er Industrie 4.0 mehrheitlich für eine ›neue Sau, die durchs Dorf getrieben wird‹, hielt. … vor allem wer denn das bezahlen solle, wo die Standards wären, an die sich kleine Unternehmen halten können … und wie Maschinenbauer oder gar Komponentenhersteller damit Geld verdienen sollen.« [Sendler-1, S. 169] Der ›Berliner Kreis‹, ein lockerer, aber erlauchter Zirkel von Professoren, die in Instituten für Maschinenbau-Informatik effiziente Produktentwicklung lehrten, die Präsidenten der Hochschulrektorenkonferenz, der deutschen Akademien der Wissenschaften, der Deutschen Forschungsgemeinschaft und der Fraunhofer Gesellschaft ergriffen deshalb die Initiative zur Gründung einer Akademie der Deutschen Technikwissenschaften. Ihre Aufgabe sollte es sein, die »Beratung, Förderung von Forschungsvorhaben und insbesondere auch die Förderung des wissenschaftlichen Nachwuchses« zu unterstützen. Sehr schnell gelang es, den Staat ins Boot zu holen – konkret das Ministerium für Bildung, Wissenschaft, Forschung und Technologie.

Die Deutsche Akademie der Technikwissenschaften

2002 kam es zur Gründung der »Deutschen Akademie der Technikwissenschaften«, Kurzform ›acatech‹, als privater und gemeinnütziger Verein. Er finanziert sich durch institutionelle Mittel des Bundes und der Länder sowie durch Spenden der Industrie. [ACATECH-1] In ihrer Satzung definiert die acatech ihre Aufgaben: »Die Akademie erfüllt den Satzungszweck, indem sie Initiativen zur Förderung der Technik in Deutschland ergreift und dabei insbesondere das öffentliche Verständnis für die Bedeutung zukunftsweisender Technologien stärkt. Dazu werden eine enge Zusammenarbeit zwischen den grundlagen- und anwendungsorientierten Technikwissenschaften sowie der Dialog mit den anderen Wissenschaften im In- und Ausland angestrebt. Die Akademie führt wissenschaftliche Veranstaltungen und Projekte durch, führt den Dialog mit politischen, wirtschaftlichen und gesellschaftlichen Institutionen und erarbeitet Stellungnahmen.« [ACATECH-2]

Knapp zehn Jahre später wurde das Thema des technischen Wandels durch den Einsatz der Informationstechniken in Industrie und Gesellschaft unter dem medienwirksamen Namen »Industrie 4.0« in die Öffentlichkeit gebracht. Erstmals tauchte der Begriff in der Wochenzeitung *VDI-Nachrichten* anlässlich der Hannover-Messe 2011[4] auf. Der Artikel lässt schon ahnen, dass hier ein großes Bündnis zwischen der Bundesregierung und der Industrie geschlossen wurde. »Prof. Dr. Wolfgang Wahlster (Informatik-Professor), Hennig Kagermann (ehemaliger Chef von SAP) und Wolf-Dieter Lukas (Abteilungsleiter aus dem Bundesforschungsministerium) planen die Zukunft«, heißt es unter dem Foto der drei Herren. Der Beitrag erläutert dann, »… wie der Paradigmenwechsel in der Industrie ablaufen wird. In der nächsten Dekade werden auf der Basis von cyber-physischen Systemen (CPS) neue Geschäftsmodelle möglich. Deutschland könne hierbei ›die erste Geige‹ spielen. Die Entwicklung und Integration neuer Technologien und Prozesse haben dazu beizutragen, dass Deutschland führender Produktionsstandort bleibt. Ziel ist die digitale Veredelung von Produktionsanlagen, industriellen Erzeugnissen bis hin zu Alltagsprodukten.« [VDIN-1]

Die Plattform Industrie 4.0

Ein weiterer Schritt bei der staatlichen Förderung der vierten industriellen Revolution erfolgte zwei Jahre später mit der Gründung eines Bündnisses mit dem Namen ›Plattform Industrie 4.0‹ bei der Hannover-Messe 2013. Getragen wird sie vom Ministerium für Wirtschaft und Energie, dem Ministerium Bildung und Forschung

---

4   Die Hannover-Messe ist die Weltmesse der Industrie. Gegründet wurde sie 1947, um die Fähigkeiten der westdeutschen Industrie nach dem Zweiten Weltkrieg zu präsentieren.

und den Unternehmensverbänden Bitkom, Verband Deutscher Maschinen- und Anlagenbau (VDMA) und Zentralverband Elektrotechnik- und Elektronikindustrie (ZVEI). Zum Auftakt der Messe wurde Bundeskanzlerin Merkel ein Bericht mit den Voraussetzungen für den erfolgreichen Aufbruch ins vierte industrielle Zeitalter übereicht. Darin wurden auch die Ziele für den Aufbau einer deutschen Führungsstruktur für modernste Produktionstechnologien formuliert. [ACATECH-3]

Die Plattform Industrie 4.0 versteht sich als offenes Netzwerk. Alle interessierten Akteure können im Rahmen der Plattform aktiv werden, heißt es auf ihrer Homepage. Dazu gehören Vertreterinnen und Vertreter von Unternehmen, Wissenschaft, Verbänden, Gewerkschaften und der Bundesministerien.

Die Realität zeigt allerdings eine sehr einseitige Fokussierung auf wirtschaftliche und technische Aspekte. Bei der Gründung hatte die Plattform fünf Arbeitsgruppen:

AG 1: Referenzarchitekturen, Standards und Normung, AG 2: Technologie- und Anwendungsszenarien, AG 3: Sicherheit vernetzter Systeme, AG 4: Rechtliche Rahmenbedingungen, AG 5: Arbeit, Aus- und Weiterbildung. Im März 2018 wurde eine sechste Arbeitsgruppe mit dem Titel Digitale Geschäftsmodelle in der Industrie 4.0 hinzugefügt. Dies bedeutet eine noch stärkere Betonung der wirtschaftlichen Aspekte, wie die Begründung für die neue Arbeitsgruppe zeigt. Prof. Dr. Svenja Falk, Managerin bei Accenture (ehemals Andersen Consulting) und Leiterin der neuen Arbeitsgruppe erklärt: »Wettbewerbsfähigkeit lässt sich auf Dauer nicht allein durch Effizienzsteigerungen erzielen. Gemeinsam mit Wirtschaft, Wissenschaft, Verbänden und Sozialpartnern wollen wir Vorschläge entwickeln, wie die Industrie den Schritt aus der digitalen Experimentierphase zu wertschöpfender Innovation machen kann.« [IA-1]

Fokussierung auf die Interessen der Wirtschaft
Organisationen, die sich mit den gesellschaftlichen Auswirkungen der vierten industriellen Revolution befassen, sind so gut wie nicht

vertreten. Lediglich die Arbeitsgruppe Arbeit, Aus- und Weiterbildung befasst sich mit der Qualifizierung von Mitarbeiter*innen in den Betrieben bei den Änderungen in der Arbeitswelt. Der Arbeitskreis wird von einem Mitglied des Vorstands der IG Metall geleitet und bringt Impulse aus Sicht der Gewerkschaften und Betriebsrät*innen in die Diskussion ein. »Durch die Einbindung von Betriebsräten und Beschäftigten können Ängste vor dem tiefgreifenden Wandel der Qualifizierung ab- und Akzeptanz aufgebaut werden.« [BMWE-5] Sehr eingeschränkt definiert ist auch das Ziel der Arbeitsgruppe. »… die anstehenden Veränderungen sollen proaktiv und sozialpartnerschaftlich gestaltet werden.« [BMWE-6]. Im Dezember 2017 hat die Arbeitsgruppe einen Ergebnisbericht [BMWE-3] herausgegeben, der feststellt: »Der passenden Gestaltung der Arbeit sowie der Qualifizierung der Arbeitnehmerinnen und Arbeitnehmer im Unternehmen kommt heute und in Zukunft eine Schlüsselrolle zu. Hier entscheidet sich, ob die Chancen der Digitalisierung genutzt werden können oder nicht.« Und weiter: »Hier, das bestätigen auch die Sozialpartnerdialoge, ist das Prinzip der Mitbestimmung, wie es in Deutschland gelebt wird, ein Erfolgsmodell und eine hervorragende Ausgangsbasis. Die gleichberechtigte Mitwirkung von Arbeitgebern und Arbeitnehmern bei der Gestaltung der Rahmenbedingungen der Arbeit von morgen ist essenziell, um gemeinsam zu besseren Ergebnissen und Lösungen zu gelangen.«

Über eine rein sozialpartnerschaftliche Betrachtungsweise der Auswirkungen auf die Arbeitnehmer geht der Bericht nicht hinaus. Er entwickelt mit Ausnahme einer Betonung von Aus- und Weiterbildung keinerlei Perspektiven oder Handlungsorientierungen für die Gestaltung der vierten industriellen Revolution aus Sicht der Beschäftigten. Eine überbetriebliche Betrachtung der Auswirkungen der Digitalisierung spielt in den Tätigkeiten der Expert*innen der Plattform Industrie 4.0 offensichtlich keine Rolle.

Auch in einer weiteren Broschüre des Bundesministeriums für Wirtschaft und Energie bleiben die Belange der Beschäftigten und der Gesellschaft vage. An der Broschüre haben ebenfalls Betriebsräte der IG Metall mitgearbeitet. Leider beschränkt auch sie sich auf das Thema »Weiterbildung« und die fragwürdige These, dass Industrie 4.0 kein Schreckgespenst sei. [BMWE-4, S. 23]

Die staatliche Finanzierung der Digitalisierung

Für die Finanzierung der Digitalisierung stellen Bund und Länder gewaltige Haushaltsmittel zur Verfügung. Die beiden wichtigsten Ministerien, die Forschungsgelder bereitstellen, sind das Bundesministerium für Wissenschaft und Erziehung (BMWE) und das Ministerium für Bildung und Forschung (BMBF). Das BMBF hat die Fördermittel für Programme der Hightech-Strategie für Forschung und Innovation seit 2013 stetig erhöht. 2018 standen für die BMBF-Projekte der Hightech-Strategie insgesamt 2,55 Milliarden Euro zur Verfügung. Schwerpunkte sind Digitalisierung, Mikroelektronik, Energie- und Gesundheitsforschung. [BMBF-1] Auf der Homepage des Ministeriums finden sich 720 Projekte, die in den Jahren 2013 bis 2018 gefördert wurden. [BMBF-2]

Das BMWE hatte 2017 ca. 2,8 Milliarden Euro zur Verfügung. Damit förderte es Innovationen in neuen Technologien wie beispielsweise neue Mobilität. Zusätzlich wurde der Mittelstand gefördert und Zuschüsse für Unternehmensgründungen gegeben. [BMWE-1]. Diese Mittel wurden 2018 nochmals erhöht. Im Haushalt 2018 stehen, wie Bundeswirtschaftsminister Peter Altmaier Mitte Mai 2018 erklärte, gegenüber 2017 zusätzliche 300 Millionen für die Digitalisierung bereit. [BMWE-2] Aber auch andere Ministerien wie zum Beispiel das Gesundheitswesen fördern die Digitalisierung. So berichtet beispielsweise die *Ärztezeitung* im November 2018, Bundesgesundheitsminister Jens Spahn habe »die Digitalisierung des Gesundheitswesens zu einem seiner Themenschwerpunkte erklärt. Und er meint es offenkundig ernst: Bis 2020 wollte er das elektronische Rezept in Deutschland eingeführt haben. In einem Informationspapier des Gesundheitsministeriums heißt es dazu, Spahn wolle die Selbstverwaltung verpflichten, die notwendigen Regelungen zu vereinbaren, damit Verordnungen in der Arzneimittelversorgung auch ausschließlich in elektronischer Form verwendet werden können.« [ÄZ-1]

Weitere Fördermittel kommen aus dem EU-Haushalt. Dort gibt es ein 80 Milliarden schweres Rahmenprogramm für Forschung und Innovation mit dem Namen ›Horizont‹. Es bündelt die Forschungsprogramme auf europäischer Ebene und ist auf die Kooperationen zwischen Wissenschaft, Wirtschaft und Innovation ausgerichtet. Bei Horizont wird die führende Rolle der Industrie ausdrücklich hervorgehoben. Das Forschungsprogramm unterstützt die Entwicklung und Validierung grundlegender industrieller Schlüsseltechnologien wie Micro- und Nanotechniken, Photonik, Materialwirtschaften, industrielle Biotechniken und last but not least fortschrittliche Fertigungstechniken. [BMBF-3] Es ist das weltweit größte Forschungs- und Innovationsprogramm dieser Art.

Es lässt sich feststellen, dass die Forschung in Deutschland und in Europa grundsätzlich auf die Interessen der Wirtschaft ausgerichtet ist. Es ist ein Paradebeispiel für die staatsmonopolistische Ausrichtung von Wissenschaftsförderung.

3.3
Digitalisierung und Künstliche Intelligenz

Kaum ein Begriff in der Diskussion um Digitalisierung wird derzeit so strapaziert wie derjenige der ›Künstlichen Intelligenz (KI)‹. In der Diskussion über KI vermischen sich Visionen eines unbeschwerten Lebens und Schreckensbilder. Einerseits die menschenleeren Fabriken, in denen die Unternehmer Menschen durch Automaten ersetzt haben, und Roboter, welche die Macht über die Menschen übernehmen. Andererseits Visionen, nach denen alle Menschen dank des technischen Fortschritts ohne körperliche Anstrengungen arbeiten, gesund bis ins hohe Alter sind und in Wohlstand leben. Von der Industrie wird KI als der Schlüssel für die weitere Rolle Deutschlands als führender Wirtschaftsmacht bezeichnet.

Dabei wirft kein Begriff so viele Fragen auf wie KI. Dies beginnt damit, dass der Begriff Intelligenz uneinheitlich benutzt wird. Fakt ist, es gibt keine allgemeinverbindliche Definition für Intelligenz und erst recht nicht für Künstliche Intelligenz. Selbst Wikipedia konstatiert dies und die *FAZ* stellte im November 2018 fest: »Die Hälfte der Deutschen weiß nicht, was Künstliche Intelligenz ist.« [FAZ-2]

Was ist Intelligenz?
Da es keine präzisen Definitionen von Intelligenz und Künstlicher Intelligenz gibt, beschreiben die KI-Experten ihr Wissensgebiet gerne an Beispielen. So macht es auch Prof. Dr. Wolfgang Wahlster, bis vor kurzem Leiter des Deutschen Forschungszentrums für Künstliche Intelligenz (DFKI). Im September 2018 antwortete er auf die Frage eines Journalisten der Zeitschrift *Cicero*: Haben Sie heute schon Künstliche Intelligenz verwendet? »Ja. Bevor ich heute mit meinem Auto losgefahren bin, habe ich wie immer auf dem Fahrtrouten-System eines bekannten Anbieters nachgesehen, wie die Verkehrslage ist. Dahinter steckt ein komplexer KI-Algorithmus, der mittels vieler Faktoren wie Wetter, Verkehrsdichte, Staus und Umleitungen berechnet, wann ich im Büro ankomme. ... Solche KI-Algorithmen interpretieren digitale Massendaten auf Grund von großen Wissensbasen. Sie liefern punktgenau ein Ergebnis zugeschnitten auf die individuelle Situation eines Benutzers. In meinem Fall ist dies mein individueller Arbeitsweg zu einer bestimmten Uhrzeit unter Berücksichtigung vieler anderer Verkehrsteilnehmer.«

Viel Marketing und wenig Substanzielles findet sich auch beim Automobil-Zulieferer Bosch. »Das Gehirn für selbstfahrende Autos kommt in Zukunft von Bosch. Wir bringen dem Auto bei, sich selbstständig durch den Straßenverkehr zu bewegen«, erklärt Dr. Volkmar Denner, Vorsitzender der Bosch-Geschäftsführung. »Mit Bosch-Sensoren erkennen Autos ihr Umfeld. Dank Künstlicher Intelligenz kann ein Auto künftig auch interpretieren und Vorhersagen darüber treffen, wie sich andere Verkehrsteilnehmer verhalten. Das Auto wird schlau.« [BOSCH-1]

Der intuitive Erklärungsansatz | Unstrittig ist, dass Intelligenz die gesamten geistigen Fähigkeiten eines Menschen umfasst. Unstrittig ist auch, dass Intelligenz etwas mit Lernen zu tun hat. Zur Beschreibung von Intelligenz gehören unter anderem:

- Die Fähigkeit, sich physische Fakten zu merken, die auf körperlicher Erfahrung beruhen. Dazu gehört alles, was wir über Sinnesorgane aufgenommen haben (Hören, Sehen, Riechen, Fühlen, Schmecken). Konkret: ein Kind wird sich nur einmal am heißen Ofen verbrennen.
- Die Fähigkeit, sich soziale Fakten zu merken, die auf gesellschaftlichen Interaktionen beruhen. Dazu gehört zum Beispiel das Händeschütteln. Diese Fakten sind allerdings stark abhängig von den sozialen, kulturellen, geschlechtsspezifischen Einflüssen.
- Die Fähigkeit, Fakten logisch zu strukturieren und ein Regelwerk zu bilden, nach dem wir in ähnlichen Situationen passend reagieren können.
- Die Fähigkeit, erlernte Fakten zu priorisieren.

Der kybernetische Erklärungsansatz | Eine in Bezug auf die Digitalisierung äußerst hilfreiche Definition findet sich bei Georg Klaus und Manfred Buhr. Sie brachten bereits Anfang der 1970er Jahre Intelligenz in Zusammenhang mit Algorithmen. Sie definieren Intelligenz über folgende Denkleistungen:

- Konstruktion eines Abbildes der Außenwelt, das durch Lernen ständig verbessert wird.
- Die Fähigkeit der zweckmäßigen Auswahl und Verknüpfung von Informationen, die Bildung von Invarianzen (unveränderliche Größe bzw. erwiesene Tatsachen) und deren Speicherung.
- Die Konstruktion von Algorithmen des Verhaltens und Überprüfung der Algorithmen mittels Durchspielen dieser Algorithmen am internen Modell der Außenwelt.
- Die Konstruktion von Algorithmen zur Bewertung von Algorithmen und die Fähigkeit unzweckmäßige Algorithmen durch bessere zu ersetzen.

- Vorwegnahme künftiger Situationen der Außenwelt durch deren Simulation am internen Modell. [MLWP-1]

Die höchste Form der Intelligenzleistung besteht nach Klaus/Buhr im heuristischen Denken sowie im Lernen, wobei sie Lernen als die Fähigkeit bezeichnen, dass der Mensch in direkter Wechselwirkung mit der Umwelt Informationen aufnimmt und in sein internes Modell zu integrieren weiß.

Georg Klaus war einer der ersten, die im Zusammenhang mit Theorien zur Kybernetik den Begriff Künstliche Intelligenz verwendeten. Er sieht keinen Grund zwischen dem intelligenten Verhalten des Menschen und den Leistungen von Computersystemen zu unterscheiden. »Es lässt sich zeigen, dass jede Komponente der Intelligenz maschinell imitiert werden kann. Daher ist es im Sinne der kybernetischen Abstraktion zulässig von ›maschineller Intelligenz‹ oder ›künstlicher Intelligenz‹ zu sprechen.

Manches, was Georg Klaus 1975 formulierte, hört sich fast prophetisch an. »Es werden elektronische Informationszentren entstehen, in denen im Prinzip das ganze gegenwärtige Wissen der Menschheit in wissenschaftlicher, ökonomischer, politischer, künstlerischer u. a. Hinsicht vorhanden ist. Diese Informationsspeicher müssen keineswegs an einem bestimmten Ort stationiert sein. Sie können auch durch Zusammenschaltung spezialisierter Informationsspeicher entstehen. In Zukunft wird man nicht mehr Zeitung lesen. Unsere hypothetische Informationszentrale wird eine Riesenzeitung für die ganze Welt herausgeben, die jedem das gibt, was er benötigt.« [Klaus-1]

Die Maschinen, von denen Georg Klaus sprach, sind heute verfügbar. Auf die Frage, was aus dem Verhältnis von Menschen und Maschinen wird, antwortet er als marxistischer Philosoph. Die Kybernetik, Informationstheorie und Automatisierung seien die wichtigsten Hilfsmittel bei der Durchführung der technischen Revolution mit all den ökonomischen, sozialen und geistigen Änderungen. Wie die Menschheit in einer solch unnatürlichen Umgebung seelisch und körperlich gesund bleiben könne, verbindet er mit der Frage, in welchen gesellschaftlichen Randbedingungen solche Entwicklungen ablaufen.»Diese Fragestellung hat – und das macht, obwohl sie formal gleich lautet, den Unterschied aus – in einer kapitalistischen Umwelt einen anderen Charakter als in einer sozialistischen Welt.« [Klaus-2]

Was kann Künstliche Intelligenz?
Der entscheidende Aspekt der KI besteht darin, in einer riesigen Masse von Einzeldaten, Strukturen zu erkennen und diese so aufzubereiten, dass Algorithmen daraus ›Entscheidungen‹ ableiten können. Dies beinhaltet:

- Das Sammeln und Zusammenführen einer großen Menge von Daten.
- Die Strukturierung dieser Daten durch IT-Programme.
- Die Programmierung von Algorithmen, die menschliches Denken und Schlussfolgern imitieren.
- Die Anwendung solcher Algorithmen in der realen Welt.

Benötigt werden dazu:

- Datenspeicher, deren Volumen nahezu unbegrenzt ist. Diese sind heute durch die sogenannte Cloud vorhanden. Diese Speichersysteme werden nach wie vor durch reale Medien realisiert. Sie befinden sich in Rechenzentren, die weltweit verteilt und miteinander verknüpft sind. Die Daten werden mehrfach gespeichert, um sie vor Verlust zu schützen. Unternehmen, die die Daten nutzen wollen, können dies durch einen Nutzungsvertrag mit dem Betreiber der Speichersysteme vereinbaren. Sie müssen also die Daten nicht mehr auf ihren eigenen Rechnern vorhalten, sondern nutzen die Ressourcen von Dienstleistern wie zum Beispiel Amazon, Microsoft, IBM, Cisco.
- Sensoren der unterschiedlichsten Bauart, um Daten zu erfassen. Solche Sensoren sind Systeme zum Erfassen von Wetterdaten, Sprache, Bildern, Geräuschen, aber auch Softwaresysteme, die Aktivitäten im Internet erfassen – wie zum Beispiel Besuche auf einer Internetseite.

- Rechnerleistung, um die oben genannten Datenmengen durch Algorithmen zu bearbeiten. Mittels der Algorithmen können komplexe Handlungs- und Denkabläufe, die Menschen vorgedacht haben, implementiert werden. Das heißt, Regelwerke, die Menschen nutzen, werden von einem Rechner abgearbeitet. Der Rechner imitiert, wie Georg Klaus dies formuliert hat, das menschliche Denken und Agieren.
- Aktoren, die auf Grundlage der Ergebnisse der Algorithmen und Sensoren eine Maschine oder einen Roboter bewegen, eine Heizung oder Licht ein- und ausschalten oder auch über Sprache oder Bilder Informationen ausgeben können.

In der KI finden sich also durchaus Aspekte wieder, die auch für die natürliche Intelligenz gelten.

Beispiele für ›intelligente‹ Systeme | Im Folgenden finden sich einige Beispiele für ›intelligente‹ Systeme.

Das selbstfahrende Auto | Das wohl am häufigsten genannte Beispiel für den Einsatz von Künstlicher Intelligenz ist das automatisch fahrende Auto. Hier lässt sich gut veranschaulichen, wie Sensorik in Form von einer großen Zahl von Kameras, Geschwindigkeitsmessern und so weiter mit Aktoren wie Gas geben, Lenken und Bremsen verbunden wird. Auch Algorithmen für die Entscheidungslogik, wie sie menschliche Fahrer*innen treffen, spielen eine große Rolle. Ebenso die dabei zugrundeliegenden ethischen Aspekte in unfallträchtigen Situationen wie zum Beispiel das Szenario: wem weicht das Auto gegebenenfalls aus und wem nicht.

Alexa & Co. | Alexa ist ein Assistenz-System, das auf Zuruf eines Menschen Fragen beantworten kann. Es verfügt über ein oder mehrere Mikrofone und Videokameras sowie einen oder mehrere Lautsprecher. Das System ist permanent mit dem Internet verbunden. Fragen zum Wetter oder sportlichen, politischen oder geschichtlichen Ereignissen werden auf Basis von Internetsuchmaschinen über

Sprachausgabe ›beantwortet‹. Das System kann auch emotionale Aspekte einer Anfrage erkennen. Die Mimik und Stimmlage, die mit einer Frage verbunden sind, werden algorithmisch erkannt und ausgewertet.

Superrechner für Schach und Go | Großes Aufsehen in der Presse erweckte im Dezember 2018 ein KI-System für die Strategiespiele Schach und Go. Googles KI-Firma DeepMind hat einen selbstlernenden Algorithmus entwickelt, der Schach und Go nur anhand der Regeln gelernt hat und nach nur wenigen Stunden die stärksten Programme schlagen konnte. Dies gelang allerdings nur mittels massiver Rechenleistungen. Wenn das Google-Team schreibt, das Programm habe die Spiele innerhalb von 24 Stunden gelernt, muss man das in Relation zum betriebenen Aufwand sehen: Ganz beiläufig ist in den Meldungen von Google erwähnt, dass 5000 Tensor Processing Units (TPU) der ersten Generation und 64 TPUs der zweiten Generation zum Einsatz kamen. [HEISE-1]

Medizinische Diagnosen | Die Speicherung der Ergebnisse aus hunderttausenden medizinischen Diagnosen (Computertomographie, Ultraschall) in riesigen Datenbanken erlaubten es bei der Auswertung einer aktuellen Diagnose, mit einem solchen System in kürzester Zeit zu ermitteln, welche möglichen Krankheiten Patient*innen haben und welche Therapien am meisten Erfolg haben könnten. »Die Diagnosen sind also besser als die eines Arztes«, erklärte der Fernsehjournalist Ranga Yogeshwar Anfang April 2019 in einer Dokumentation der ARD. [ARD-2]

Automatische Sprachübersetzung | Intelligente Diktiersysteme ermöglichen es heute, über Mikrofon Texte direkt in ein Textverarbeitungsprogramm zu sprechen, an denen nur noch wie bei der Korrektur von Fehlern eines geschriebenen Textentwurfs schriftliche Verbesserungen vorzunehmen sind. Auch die automatische Übersetzung zwischen zwei Sprachen hat in den letzten Jahren große Fortschritte gemacht.

Ethik und Künstliche Intelligenz | Die Frage, wie Künstliche Intelligenz (KI) genutzt werden soll, ist mittlerweile in der Politik und vor allem in den Medien angekommen. Das am häufigsten benutzte Beispiel für die Notwendigkeit, sich mit Fragen der Ethik in Zusammenhang mit KI auseinanderzusetzen, ist, wie erwähnt, das selbstfahrende Auto. Dabei wird die Frage diskutiert, ob ein automatisch gesteuertes Fahrzeug, wenn ein Unfall unausweichlich wird, lieber die alte Frau mit dem Rollator überfahren soll oder die Mutter mit dem Kinderwagen. Dies ist eine Frage der Programmierung. Sie ist verbunden damit, wer bestimmt, was und wie programmiert wird. Und das wiederum hängt mit Interessen zusammen.

Anfang April 2019 widmete sich die ARD in drei Sendungen dem Thema KI. Im dritten Teil mit dem bedeutungsschwangeren Titel ›KI: Paradies oder Robokalypse‹ geht es um ethische Regeln im Umgang mit Künstlicher Intelligenz. »Es ist eine der brennendsten Fragen unserer Zeit. Laut Wissenschaftlern und KI-Experten befinden wir uns im Wettlauf mit der Zeit, bevor die Technologie uns einholt«, heißt es auf der Homepage der ARD. [ARD-3] »Müssen wir in Zukunft mit Robotern leben, die vielleicht sogar klüger sind als wir?«, fragt eine sonore Stimme und fährt fort: »Es ist die drängendste Frage dieses neuen Zeitalters. Wie gehen wir Menschen mit dieser neuen Technologie um. Wir versuchen Antworten zu geben.« [ARD-4] Nach 45 Minuten ist allerdings keine Frage gelöst. Das kann auch nicht wundern, weil Ethik in dem Beitrag völlig losgelöst von ökonomischen Interessen abgehandelt wird.

Genau dies ist aber der entscheidende Punkt. Die Diskussion um KI dreht sich derzeit in den westlichen Ländern, die in der KI-Forschung führend sind, einzig um die Frage, wie KI genutzt werden kann, um in der vierten industriellen Revolution nicht gegenüber China zurückzufallen. So geschieht dies auch in dem oben genannten Beitrag. Zwei Beispiele aus den ersten Monaten 2019 zeigen, wie einseitig KI vereinnahmt wird, und damit auch, wie dringend notwendig demokratische Einflussnahme ist.

Auf einem Forschungsgipfel in Berlin diskutierten Wissenschaftler Ende März 2019 über Gelder für KI, den europäischen Blick und ethische Ansprüche. »An welchen ethischen Prinzipien sollte sich die Entwicklung von KI orientieren?«, heißt es vollmundig im Programm der Veranstaltung. [Forschungsgipfel-1] Schaut man allerdings ins Programm, dann ist von Ethik nur noch wenig zu finden. Überraschen kann dies nicht. Veranstaltet wurde der Gipfel vom Stifterverband für die Deutschen Wirtschaft und der ›Expertenkommission Forschung und Innovation‹ der Bundesregierung. Letzterer ist besetzt mit sechs hochkarätigen Wirtschaftsprofessor*innen. Auch die Podien und Panels waren besetzt durch Vertreter*innen der Industrie, Forschungsinstituten und Ministerien.

Nach zehnmonatiger Diskussion veröffentlichte eine Gruppe von 52 Expert*innen aus Europa im April 2019 einen 39 Seiten starken Bericht mit dem Titel: »Ethics Guidelines for thrustworthy AI« (Ethische Leitlinien für KI). »Ziel der Leitlinien ist es, eine vertrauenswürdige KI zu fördern. Die vertrauenswürdige KI besteht aus drei Komponenten, die über den gesamten Lebenszyklus des Systems erfüllt werden sollten. Erstens: es sollte rechtmäßig sein und alle anwendbaren Gesetze und Vorschriften einhalten. Zweitens: es sollte ethisch sein, die Einhaltung ethischer Grundsätze und Werte sicherstellen und drittens: Es sollte robust sein, sowohl aus technischer als auch aus sozialer Sicht, da KI-Systeme auch bei guten Absichten unbeabsichtigten Schaden anrichten können. Jede Komponente an sich ist notwendig, aber nicht ausreichend für die Erreichung einer vertrauenswürdigen KI. Im Idealfall arbeiten alle drei Komponenten harmonisch zusammen und überschneiden sich in ihrem Betrieb. Wenn in der Praxis Spannungen zwischen diesen Komponenten auftreten, sollte die Gesellschaft versuchen, sie aufeinander abzustimmen.« [EU-1]

Allein der letzte Satz zeigt auf, dass es sich bei diesem Gremium, nicht um eine Institution handelt, in der gegensätzliche Interessen formuliert und ›ausgeglichen‹ werden. Was bedeutet denn ›sollte die Gesellschaft versuchen‹ und wer ist hier mit ›die Gesellschaft‹

gemeint. Schaut man sich die Zusammensetzung der Expert*innen-Runde genauer an, wird dies klar. In dem Gremium saßen 28 Vertreter*innen von zumeist global agierenden Unternehmen (AXA, Bayer, Bosch, IBM, SAP) und ihren Unternehmensverbänden, sechs Vertreter*innen von Thinktanks, elf Vertreter*innen von Universitäten und Forschungseinrichtungen, drei von Verbraucherschutzverbänden, eine Human-Rights- und Bürgerrechtsaktivistin, die Hilfsgemeinschaft der Blinden und Sehschwachen und ein Mitglied des Europäischen Gewerkschaftsbundes ETUC.

Das Beispiel zeigt deutlich, wer über die Richtung des Einsatzes von KI bestimmt. Die Beteiligung von Repräsentanten aus der Zivilgesellschaft und der Gewerkschaften sind nichts als ein Feigenblättchen. Gegenüber den Interessenvertretern haben sie kein Gewicht. Die Hilfsgemeinschaft der Blinden und Sehschwachen hat zudem mit Sicherheit, im Vergleich zu Dutzenden Expertinnen und Experten von SAP und Bosch, nicht das Personal, um sich auch nur ansatzweise so tief mit dem Thema zu befassen. Hier werden ausschließlich Industrieinteressen vertreten. Unabhängig davon, wie man zu Religion steht, kann man schon überrascht sein, dass aus diesem Bereich kein einziger Vertreter oder Vertreterin zu den Autoren gehörte.

Entlarvend ist insbesondere der Satz »Wenn in der Praxis Spannungen zwischen diesen Komponenten auftreten, sollte die Gesellschaft versuchen, sie aufeinander abzustimmen.« Stellt man den Satz vom Kopf auf die Füße, lautet er ›wenn sich bei der Umsetzung von den durch die Industrie durchgesetzten Maßnahmen Probleme ergeben, wirft man diese der Gesellschaft vor die Füße. Diese muss dann die Probleme lösen.‹

Ethik und Moral sind keine neutralen Kategorien, sondern abhängig von historischen Zeiträumen, kulturellen Zugehörigkeiten und auch der Stellung von Menschen im Arbeitsprozess. Unbestritten: Es gibt Kriterien wie ›falsch‹ und ›richtig‹ beziehungsweise ›gut‹ und ›böse‹. Ebenso unbestreitbar ist allerdings, dass die Interessen und die Definition eines Nutzens für ein Unternehmen, das KI einsetzt, nicht deckungsgleich sind mit den Interessen der Beschäftigten, deren Familien und anderer Gruppen der Gesellschaft. Über Ethik in der KI muss also unbedingt diskutiert werden, ohne Diskussion über die Ethik in der Ökonomie wird dies aber nicht gehen.

Wer treibt KI voran, wer hat den Nutzen?
Der derzeit größte Treiber in Sachen KI ist die Bundesregierung, die ihrerseits wiederum von der Wirtschaft vorangetrieben wird. Das Wohl und Wehe der deutschen Wirtschaft wird eins zu eins mit der KI verbunden. Mit KI soll die Stärke der deutschen Wirtschaft aufrechterhalten und ausgebaut werden. Wirtschaftsminister Altmaier machte sich sogar zum Befürworter des Staatskapitalismus (den er sonst, wenn es um China geht, vehement kritisiert). In einem Interview mit dem *Bayerischen Rundfunk* forderte er »einen europäischen Digitalkonzern, um die Konkurrenz aus den USA und Asien zu kontern.« Er könne sich eine Art Airbus der Künstlichen Intelligenz vorstellen. Ein großer europäischer Konzern könnte nach Altmaiers Vorstellung zum Beispiel beim selbstfahrenden Auto der führende Player werden und dabei auf digitale Nachbarbranchen positive Auswirkungen haben. [BR-1] Sein Ziel ist die weitere Förderung der »bereits bestehenden Champions wie Siemens, Thyssen-Krupp, Automobilhersteller …, die sich seit 100 Jahren und länger, erfolgreich am Weltmarkt behaupten. Der langfristige Erfolg und das Überleben solcher Unternehmen liegt im nationalen politischen und wirtschaftlichen Interesse, da sie erheblich zur Wertschöpfung beitragen und in vielen Fällen auch für das hervorragende Image deutscher Wirtschaft und Industrie weltweit mit verantwortlich sind.« [BMWE-7] Dafür sollen weitere Steuermittel in Millionen- und Milliardenhöhe vor allem in die KI fließen. Wenn man aber nach den konkreten Ergebnissen dieser Forschung für die Steuerzahler sucht, findet man wenig, was sie, die das Ganze ja finanzieren, begeistern könnte. Wem die Ergebnisse zugute kommen, stellte selbst *Die Welt* (zurecht – abgesehen von dem beliebten Irrtum, Maschinen seien wertschöpfend) im Sommer 2018 fest: »Bislang stehen nur Besitzer von KI-Systemen

als Gewinner fest. Wenn die Wertschöpfung immer stärker von Maschinen sowie Computern und weniger von Menschen kommt, dann wird entscheidend sein, wer diese Maschinen und Computer besitzt. Zunächst profitieren also Unternehmenseigentümer und all jene, die an Unternehmen beteiligt sind und die künstliche Intelligenzen wertschöpfend einsetzen.« [WELT-1]

Diejenigen, die derzeit einen Nutzen aus Künstlicher Intelligenz ziehen, sind außerdem Forscher*innen, die sich in entsprechenden Instituten und Labors mit dieser Thematik auseinandersetzen. Sie verfügen derzeit über reichlich Mittel aus der öffentlichen Hand.

Wer verliert bei der KI?

Es geht bei der Entscheidung, was aus den Erkenntnissen der KI-Forschung gemacht wird, um zentrale gesellschaftspolitische Probleme. Diese sind aber untrennbar verbunden mit der Verfügungsmacht über die neue Technik und mit der Frage, welche Geschäftsmodelle durchgesetzt werden. Sind es solche, die die neuen Produktionsmittel (die Datenbanken und Rechnerleistungen) lediglich zur Profitmaximierung ihrer Eigentümer anwenden? Oder sind es solche, die die technischen Möglichkeiten nutzen wollen, um etwa durch Konversion schädlicher Produktionen die ökologischen Lebensbedingungen auf diesem Planeten zu erhalten und global wie national mehr soziale Gerechtigkeit und ein friedliches, gesundes, gerechtes Miteinander aller Menschen herbeizuführen? Die Techniken der KI beinhalten beide Optionen. Wird auch eine grundsätzliche Lösung dieses Widerspruchs in einer kapitalistischen Gesellschaft kaum möglich sein, so geht es mithin vorderhand darum, auf betrieblicher und Unternehmensebene Alternativen im Interesse der Beschäftigten (Arbeitsplatzsicherheit, Arbeitszeitverkürzung, Weiterqualifizierung zulasten des Profits, tariflich abgesicherte Löhne und Arbeitsbedingungen usw.) durchzusetzen und auf politischer Ebene Druck auf staatliche Institutionen zu entfalten, damit diese daten- und persönlichkeitsbezogene, arbeitsrechtliche und sozialpolitische Schutzgesetze generieren und darüber hinaus eine Forschungs- und

Wissenschaftspolitik betreiben, die sich bei der Förderung der KI an gesamtgesellschaftlichen Bedürfnissen ausrichtet. In keinem der Beratungsgremien, die in Deutschland und der EU Regierungen beraten, gibt es jedoch eine Beteiligung der gesellschaftlichen Kräfte, die die Bevölkerungsstruktur abbilden würde. Dies gilt nicht nur für das Verhältnis von Arbeit und Kapital, sondern zum Beispiel auch für die Geschlechter- oder Altersstruktur.

3.4
Die Digitalisierung der Fabrik

Geschichte
Während der 1980er Jahre wurde die Durchautomatisierung der industriellen Fertigung unter dem Schlagwort ›Computer Integrated Manufacturing‹ (CIM) erstmals propagiert und ausprobiert. Unternehmen wie Bosch oder Siemens gründeten Innovationsteams, um entsprechende Pilotprojekte zu evaluieren. Werkstücke und die für die Bearbeitung erforderlichen Werkzeuge (Fräser, Bohrer) wurden durch automatische Transportvehikel von einer Fertigungsmaschine zur nächsten transportiert. Da zu diesem Zeitpunkt Funkdatennetze, Datenbanken, schnelle Rechner noch nicht verfügbar waren, wurden einige der Ideen erst einmal verworfen. Heute sind diese Techniken jedoch verfügbar. Eine weitgehend automatisierte Fertigung ist realisierbar.

Was kann die neue Technik?
Betrachtet man die Änderungen bei der Produktion, so kann man eine Entwicklung beobachten, die nahezu klassisch durch die Definition von Produktivkraftentwicklung beschrieben wird. Wissenschaftliche und technische Neuerungen werden immer stärker zur unmittelbaren Produktivkraft. Dabei kommen nicht nur einzelne Aspekte zum Tragen, sondern die Kombination mehrerer Entwicklungsstränge. Technische, geistig-wissenschaftliche und organisatorische Erkenntnisse ergänzen und verstärken sich. In der Fertigung sind es die

IT-Technik (Digitalisierung), der 3D-Druck (additive Fertigung) und
die perfekte Organisation von Lieferketten (Supply Chain).

Digitalisierung der Produktion | Standardisierte Massenproduk-
te verlieren in der kapitalistischen Warenwirtschaft von heute zunehmend an Bedeutung. Gefragt sind Produkte, die individuell auf
aktuelle Modetrends und den Bedarf und die Bedürfnisse der Kon-
sumenten zugeschnitten werden können. Wer ein Auto kauft, kann
dieses über das Internet selbst oder über seinen Fahrzeughändler
konfigurieren. Das betrifft schon lange nicht mehr nur die Farbe und
die Motorleistung, sondern jede Komponente, die im Fahrzeug verbaut ist. Noch deutlicher wird dies bei der Fertigung von ›einfachen‹
Verbrauchsartikeln wie Kleidung, Schuhen, Taschen, Rucksäcken
oder Schulranzen. Hier soll sich jede/jeder durch sein individuelles
Design ›identifizieren‹ können. Eine konsequente Digitalisierung ermöglicht dies.

Eine – aus Sicht des Produzenten – perfekte Lösung realisierte der
Sportschuh-Hersteller Adidas. In einem vom Bundesministerium für
Wirtschaft und Energie sowie der TU München und der Rheinisch-
Westfälischen Technischen Hochschule (RWTH) Aachen geförderten
Projekt mit dem Namen Speedfactory wurde die individuelle Schuhfertigung bereits realisiert. Das Ziel des Projektes ist eine Warenwelt,
in der Menschen ihre Schuhe nicht mehr aus dem Regal kaufen, sondern je individuell nach Passgenauigkeit, Farbe, Muster und Material
erwerben. Das Szenario ist der Schuhladen, in dem eine Kundin oder
ein Kunde seinen/ihren Fuß in einen Scanner steckt und vermessen
lässt. Anschließend wird aus einem Musterkatalog die Farbe der Soh-
len und des Obermaterials ausgesucht. Gegebenenfalls kann sogar das
eigene Muster mitgebracht werden. Die Daten gehen dann per Internet an eine regionale Produktionsstätte, in der die Schuhe vollauto-
matisch hergestellt und anschließend innerhalb von zwei Tagen an den
Kunden ausgeliefert werden. Adidas produziert seit 2017 in einer Fabrik in Ansbach (Deutschland) und Atlanta (USA) nach diesem Prinzip.
»Bei der Nutzung bisheriger Methoden dauerte die Entwicklung eines

Schuhmodells bis hin zur Produktionsreife etwa 18 Monate. Durch die Speedfactory soll erreicht werden, dass die Läden innerhalb von weniger als einer Woche mit den speziell angefertigten Turnschuhen versorgt werden. Bald könnte der Produktionszyklus auch bei etwa einem Tag liegen«, so das Unternehmen. [ADIDAS-1], [ADIDAS-2] Weiter heißt es bei Adidas: »Unter Nutzung aktueller Technologien und optimaler Mensch-Roboter-Interaktionen sollen sehr kurze Taktzeiten mit höchster Flexibilität erreicht werden. Ziel ist eine Verminderung der Transaktionen (gemeint sind Transporte der Waren; d. Verf.) über die Kontinente hinweg.« Verkauft wird dies gegenüber den Verbrauchern mit zwei wohlklingenden Slogans: »Wir schonen die Umwelt durch eine Reduzierung der Transporte« und »Wir bringen die Schuhfertigung nach Deutschland zurück«. Adidas rechnet damit, dass an den Standorten der Speedfactory jeweils ungefähr 160 neue Arbeitsplätze entstehen, für die hochqualifizierte Arbeitskräfte benötigt würden. Im Augenblick sollen die Fertigungsstätten in Asien nicht ersetzt, sondern nur ergänzt werden [ADIDAS-1]. Die Realität wird vermutlich anders aussehen. Nach einer Studie der Internationalen Arbeitsorganisation (ILO) sind in Vietnam 86 %. In Kambodscha 88 % und in Indonesien 64 % dieser Arbeitsplätze gefährdet. Dies sind Millionen Arbeitsplätze, vor allem von Frauen. [ILO-2]

Die individualisierte Fertigungsmaschine | Was für Schuhe gilt, gilt sinngemäß auch für Produktionsmittel. Viele mittelständische deutsche Maschinen- und Anlagenbauer sind in der Lage, Fertigungsmaschinen zu liefern, die speziell auf die Anforderungen ihrer Kunden ausgerichtet sind. Dies macht sie zu Exportweltmeistern. Sie sind nicht nur in der Lage, Fertigungsanlagen in einem großen Variantenreichtum anzubieten, sondern diese Anlagen auch kundenspezifisch zu warten und Service dafür zu liefern. In diesen Unternehmen wird das Rad schon lange »nicht mehr jedes Mal neu erfunden«. Circa 70 bis 80 % einer Konstruktion bilden das Grundgerüst der Maschinen und Anlagen. 10 bis 15 % sind Anpassungen und ebenso viel machen die spezifischen Neuentwicklungen für den Kunden aus. Im Prinzip geht es bei vielen Aufträgen darum, eine existierende Maschine zu klonen und diese dann an die Anforderung des Kunden anzupassen.

Dies erfolgt durch eine durchgängige Digitalisierung der Prozesse vom Pflichtenheft einer Maschine, über die Entwicklung mittels CAD-Systemen für Mechanik, Elektrotechnik, Elektronik und Software, der Fertigungsvorbereitung und Fertigungssteuerung mittels ERP-Systemen. Die Rückmeldung des Fertigungsfortschritts und der Maschinenauslastung ist ebenfalls automatisiert ebenso wie die Steuerung der Einsätze von Wartungs- und Service-Teams. Um dies tatsächlich wirtschaftlich umsetzen zu können, spielt die Kostenrechnung über alle in einem Unternehmen beteiligten Abteilungen eine zentrale Rolle. [Bendeich-1]

Vom reinen Hersteller zum Dienstleister | Der nächste Schritt in der Digitalisierung im Maschinen- und Anlagenbau läuft in Richtung von Geschäftsmodellen, in denen nicht mehr eine Maschine verkauft wird, sondern die Leistung der Maschine als Service. Das Grundprinzip folgt dabei der Idee, die bei der Lieferung von Strom, Gas, Wärme oder Wasser und auch bei Software seit langem bekannt ist. Der Verbraucher, das heißt der Nutzer einer Maschine, bezahlt die gelieferte Menge an Maschinenleistung. Für den Nutzer eines Blockheizkraftwerks bedeutet dies, dass er nicht mehr das technische Produkt kauft, sondern mit dem Hersteller einen Vertrag abschließt, bei dem er für jede Minute, in der das Blockheizkraftwerk betriebsbereit ist, Gebühren bezahlt. Dies hat für den Betreiber einer Klinik oder einer Altenpflegestätte durchaus Vorteile. In den Vertragsbestimmungen wird festgelegt, dass Stillstandzeiten nicht nur nicht bezahlt, sondern auch mit Strafen belegt werden. Der Lieferant des Blockheizkraftwerks wird also mit allen Mitteln versuchen, die Anlage zu 99,99 % am Laufen zu halten. 99 % wäre zu wenig, denn bezogen auf ein Jahr bedeutet 1 % einen Stillstand von drei Tagen. Ähnliches gilt für einen Hersteller für Aufzüge oder Fahrtreppen, wie zum Beispiel ThyssenKrupp, der rund hunderttausend solcher Anlagen weltweit betreibt.

Voraussetzung, um diese Konzepte umsetzen zu können, ist die Ausstattung einer technischen Anlage mit Sensoren, die jede Tätigkeit jeder einzelnen Komponenten überwachen und aufzeichnen und die Messergebnisse online und ohne Unterbrechung an eine Leitzentrale des Herstellers übertragen. Dort werden diese permanent ausgewertet und mit den Sollwerten für die Maschine verglichen. Erforderlich sind hierfür die vollständige Vernetzung von Sensoren sowie ein schnelles Internet der Generation 5G und entsprechende ›intelligente Software‹. Angeboten werden diese Lösungen unter dem Schlagwort ›Predictive Maintenance‹ beziehungsweise ›Vorausschauende Wartung‹.

Um diese Geschäftsmodelle anbieten zu können, muss der Anbieter eine 100 %ige Dokumentation einer ausgelieferten Anlage in seinem Unternehmen vorhalten. Sie enthält die kompletten Informationen, wie jede einzelne Maschine, beim Kunden aussieht. Welche Pumpe und welcher Motor wurden verbaut? Welcher Releasestand einer Software steckt in der Antriebssteuerung, wann hat wer die letzte Wartung durchgeführt? Durch die detaillierte digitale Dokumentation einer ausgelieferten Maschine entsteht ein digitales Abbild derselben – ein sogenannter ›digitaler Zwilling‹. So können Störungen schneller lokalisiert und behoben werden, da unmittelbar klar ist, welche Pumpe oder welcher Motor ersetzt werden muss. Da auch bekannt ist, von wem die defekte Komponente geliefert wurde, kann ein baugleiches Ersatzteil leicht geordert werden. Noch einen Schritt weiter geht ein ›virtueller digitaler Zwilling‹. Er beinhaltet eine 3D-Animation der Anlage des Kunden in der Leitzentrale beim Hersteller. Im Störungsfall werden Wartungstechniker (oder sogar Hilfskräfte) über Kontinente hinweg bei der Reparatur einer Maschine gezielt unterstützt.

Die Supply Chain | In der gesamten Fertigungsindustrie nimmt die Fertigungstiefe in den Firmen stetig ab. Selbst gefertigt werden nur noch wenige wirklich wichtige Teile. Alles was nicht dazugehört, erfolgt über Lieferanten bzw. ganze Lieferantenketten, Supply Chains genannt.

Die Branche, in der dies am deutlichsten wird, ist die Automobil-produktion. Die betreffende Firma stellt nur noch circa ein Fünftel eines Fahrzeugs her. 80 % werden durch Zulieferer gefertigt. [statista-1] Die Lieferketten laufen über mehrere Stufen. Als ›Tier-1‹ werden die direkten Zulieferer von größeren Baugruppen und Systemen wie ZF Friedrichshafen (Bremssysteme, Lenksysteme) oder Hella (Beleuchtungssysteme) bezeichnet. Diese Lieferanten haben selbst Unterlieferanten über teilweise mehrere Stufen hinweg. Sie werden als Tier-2, Tier-3 etc. bezeichnet. Die über lange Lieferketten laufende Logistikorganisation gehört zu den Stärken der deutschen Fertigungsindustrie.

Die Reduzierung der Fertigungstiefe und die damit verbundene Auslagerung von Wertschöpfung auf die Lieferantenkette laufen nicht nur in der Teile- und Komponentenfertigung. Zunehmend erfolgt dies auch in den Bereichen Entwicklung, IT, Logistik und Service. Damit werden die Arbeitsabläufe für Ingenieur*innen, Informatiker*innen und Organisationsspezialist*innen bei den Zulieferern in die ›Workflows« der Automobilkonzerne direkt einbezogen. Die Detailkonstrukteure bei den Zulieferern oder Konstruktionsbüros arbeiten mit den CAD-Systemen, die die Hersteller verlangen, nach exakt der dort vorgeschriebenen Arbeitsweise. Der Verband der Automobilindustrie (VDA) erklärt dies ganz offen. Diese in der Konstruktion Beschäftigten arbeiten dann vor Ort in direkter Weisung durch den auftraggebenden Automobilhersteller. Durch diese Arbeitsteilung in Forschung und Entwicklung (FuE) und deren fortwährende Optimierung lassen sich signifikante Innovationspotenziale und Effizienzsteigerungen schaffen. So entfallen heute etwa 8,8 Mrd. Euro beziehungsweise knapp 7 % der weltweiten Wertschöpfung auf FuE. Diese werden in Deutschland in Form von Werkverträgen, Dienstverträgen oder Arbeitnehmerüberlassung erbracht. Solche Entwicklungsdienstleister sind längst keine Kleinunternehmen oder Konstruktionsbüros mehr, sondern selbst zu Großbetrieben mit mehreren tausend Mitarbeiter*innen geworden. Einer der größten Automobil-Dienstleister ist die IAV (Ingenieurgesellschaft Auto und Verkehr) mit mehr als 7.000 Mitarbeitern. [MB-1]

Die additiven Fertigungsverfahren / 3D-Druck | Das Kürzel 3D-Druck steht für generative oder additive Fertigungsverfahren. Dabei werden Werkstoffe in einzelnen Schichten aufeinander aufgebaut. Dies erfolgt computergesteuert und mithilfe von flüssigen oder pulverisierten Stoffen, wie Metallen, Keramiken, Kunstharzen oder Kunststoffen.

Einer der wesentlichen Vorteile des 3D-Drucks besteht darin, dass für die Herstellung von Bauteilen, keine (Guss-)Formen mehr erstellt werden müssen. Die Herstellung solcher Formen ist kompliziert und zeitaufwändig, und erst wenn die Form funktioniert, kann ein Teil hergestellt werden. Wenn diese Teile direkt aus den CAD-Systemen der Entwickler in einem Zeitraum von wenigen Stunden bereitstehen, bringt dies große finanzielle Vorteile. Ähnlich ist es bei der Bereitstellung von Ersatzteilen. Diese werden dank der neuen Technik nur noch dann gefertigt, wenn sie bestellt werden. Die Technik des 3D-Drucks ist inzwischen so weit fortgeschritten, dass selbst mehrere Meter große Teile für die Luft- und Raumfahrt auf diese Weise hergestellt werden.

Zusammen mit den IT-Technologien ermöglichen die 3D-Druck Verfahren eine enorme Beschleunigung bei der Bereitstellung sowie eine hohe Individualisierung von Produkten, ohne dass hierfür, wie in der traditionellen Fertigung, Maschinen oder Werkzeuge angepasst werden müssen.

Wer treibt und wer profitiert
Die Treiber der Automatisierung sind Unternehmensleitungen in enger Kooperation mit den Anbietern der Automatisierungssoftware. Wie in nahezu allen Branchen findet auch hier ein rasanter Verdrängungswettbewerb statt. Gab es vor 15 Jahren noch 20 bis 30 Anbieter von CAD-Lösungen, so sind derzeit nur noch Autodesk (USA), PTC (USA), Dassault (Frankreich) und Siemens (Deutschland) übriggeblieben. Auch im Bereich der Anbieter von ERP-Systemen dominieren wenige Monopolisten wie SAP oder Microsoft den Markt.

Wer verliert

In der öffentlichen Debatte ist es die menschenleere Fabrik, die am häufigsten in der Diskussion angeführt wird. Tatsächlich ist die automatische Fertigung dabei, die menschliche Arbeit kostenmäßig zu unterbieten. Dies gilt für alle Tätigkeiten in der unmittelbaren Produktion, wobei diejenigen, die einfache Güter fertigen, am stärksten betroffen sein werden. Dies erfolgt in den Ländern, die in den letzten beiden Jahrzehnten zu ›Fabriken der Welt‹ wurden.

Äußerst hohe Potenziale in der Reduzierung der menschlichen Arbeitskraft finden sich bei der Tätigkeit der Kopfarbeiter. Die massive Förderung von ›Künstlicher Intelligenz‹ zeigt, dass die Unternehmen sich bei der Imitation von Denk- und Entscheidungsprozessen über intelligente Software die höchsten Profitraten versprechen. Verlierer in der Fertigungsindustrie werden die Mitarbeiter in Planung, Verwaltung und Service sein. Auch wenn der Rückgang in diesen Bereichen noch nicht so intensiv wahrgenommen wird, ist zu befürchten, dass in diesen Bereichen viele Arbeitsplätze durch Software wegrationalisiert werden. Bislang waren die Auswirkungen, in Deutschland und anderen Hightech-Ländern, auch deshalb noch wenig zu spüren, weil bei der Kopfarbeit immer noch große Wachstumsraten zu verzeichnen sind. Auch wenn der sogenannte ›Futoromat‹ [IAB-1] der Bundesagentur für Arbeit wissenschaftlich nicht wirklich belastbar ist, so gibt er doch einige Hinweise, auf das, was in der industriellen Revolution am Ende stehen könnte.

Job	Tätigkeit kann durch zu x % von Software übernommen werden
Datenerfasser*in	100 %
Finanzbuchhalter*in	88 %
Kalkulator*in	80 %
Rechnungsprüfer*in	75 %
Auftragsabwickler*in	50 %
Vertriebsassistent*in	40 %
Direktionsassistent*in	15 %

Tabelle 1 | Quelle: [IAB-1]

Digitalisierung in technischen Büros | Die Digitalisierung der technischen Büros begann mit der Entwicklung von IT-Lösungen für die rechnerunterstützte Konstruktion (CAD) zu Beginn der 1970er Jahre. Anfangs gab es CAD nur für Zeichnungen. Heute üblich sind Systeme zum Entwurf von 3D-Modellen und Bewegungssimulationen. Durch einen in den letzten Jahren (in Deutschland) erzielten Aufschwung im Maschinen- und Anlagenbau sowie in der Fahrzeugindustrie hat diese Automatisierung (noch) nicht zur Entwertung oder dem Verlust von Ingenieursarbeit geführt, sondern wurde von den Unternehmen eingesetzt, um die stark wachsende Marktnachfrage zu bewältigen. Derzeit läuft die nächste Stufe in der Automatisierung der technischen Büros durch eine Vernetzung der einzelnen IT-Systeme in den unterschiedlichen Abteilungen. Ein einfaches, aber anschauliches Beispiel ist die Automatisierung im Stücklistenwesen eines technischen Unternehmens. Wurden vor fünf Jahren noch in über 50 % dieser Unternehmen Stücklisten aus der Mechanik- und Elektrokonstruktion per Hand zusammengeführt und in ERP-Systeme eingetippt, so läuft dies heute in immer mehr Unternehmen vollautomatisch ab.

Digitalisierung in Verwaltung und Planung | Neben den technischen Büros erfahren die Mitarbeiter*innen in den nichttechnischen Büros gerade einen Schub der Automatisierung. Obwohl schon lange vom papierlosen Büro gesprochen wird, ist dieses in den meisten Firmen und Dienstleistungsunternehmen noch nicht wirklich Realität. Hier findet derzeit aber ein schneller Wandel statt. Die Stichworte lauten Dokumentenmanagement, digitale Akten und automatische Rechnungsbearbeitung. Systeme in der Erfassung von Eingangsrechnungen können über intelligente Scanner erkennen, von wem die Rechnung kommt, auf Grund welcher Bestellung eine Ware wann geliefert wurde und welcher Betrag auf der Rechnung steht. Diese Informationen werden dann automatisch mit den ebenso vorliegenden Daten von Bestellungen, Auftragsbestätigungen etc. abgeglichen. Passen die Daten zur eingegangenen Rechnung, wird automatisch der Bezahlvorgang eingeleitet.

Schlussfolgerungen

In der aktuellen Debatte über die Digitalisierung stehen die Fabriken und die Auswirkungen für die Menschen im Zentrum der politischen, gesellschaftlichen und gewerkschaftlichen Diskussion. Dies ist auch völlig logisch – war doch die Arbeit in den Fabriken der Bereich, in dem sich der Widerspruch von Arbeit und Kapital und damit der Klassenwiderspruch herausgebildet hat. Bislang waren von Rationalisierungsmaßnahmen die unmittelbar in der Produktion arbeitenden Menschen am stärksten betroffen. Sie erlebten durch umfassende Rationalisierungsmaßnahmen sowie Produktionsverlagerungen, dass ihre Arbeitsplätze permanent gefährdet sind. Derzeit geraten auch die Kopfarbeiter immer stärker in dieselbe Abhängigkeit von den Unternehmern. Diese nutzen dabei die Begeisterung für die Möglichkeiten neuer Techniken bei Informatiker*innen und Ingenieur*innen. Dies ist keine neue Entwicklung, sondern begleitet die Produktivkraftentwicklung seit der Erfindung der Dampfmaschine. Bislang ist der Organisationsgrad von Kopfarbeitern noch gering. Vielfach hoffen sie noch, individuell für sich Freiräume zu erkämpfen.

3.5
Die Digitalisierung des Autos

Geschichte

Mit der Serienfertigung am Fließband begann in der Automobilindustrie 1913 die zweite industrielle Revolution. Zwar war das Fließband schon in den Schlachthöfen der USA bekannt, aber erstmals setzte Ford das Prinzip in der diskreten Produktion ein. Erstmals wurde aus Einzelteilen längs eines automatisch angetriebenen Fließbandes ein Produkt aufgebaut. Die Variantenbreite war noch gering. Die Komplexität wurde bewusst klein gehalten. Nur das, was unbedingt nötig war, wurde eingebaut. So konnten der Preis niedrig gehalten und die Rationalisierungseffekte optimiert werden. Ob der Ford zugeschriebene Satz »Jeder Kunde kann seinen Wagen beliebig anstreichen lassen, wenn der Wagen nur schwarz ist« wirklich so gefallen ist, ist nicht mit Bestimmtheit nachgewiesen. Er zeigt aber einen gravierenden Unterschied zur individuellen Konfiguration eines Autos, wie dies seit Beginn dieses Jahrhunderts möglich ist.

Was kann die Technik?
Nur das ›Nötigste‹ reicht längst nicht mehr. Fahrzeuge sind vollgepackt mit Hilfsfunktionen und Elektronik, die das Autofahren zum Erlebnis machen sollen. Kund*innen können auf Basis von interaktiven Internetseiten ihr Fahrzeug in allen Einzelheiten beschreiben und konfigurieren. Es wird dann genau so gebaut, wie sie es wünschen. Die Automobilindustrie ist die stärkste und mächtigste Industriebranche, und deshalb ist es nicht überraschend, dass dort die Automatisierung am schnellsten voranschritt. »Die Automobilindustrie gibt in Bezug auf die ›intelligente Fabrik‹ aggressivere Ziele vor als andere Sektoren«, stellt die Unternehmensberatung Capgemini fest. [CG-1]

Die intelligente Autofabrik | Über viele Jahrzehnte hinweg wurde unter Automatisierung in den Auto-Fabriken vor allem die unmittelbare Fertigung verstanden. In den Werkhallen ist die Automatisierung so weit vorangeschritten, dass hier nur noch geringe Produktivitätszuwächse zu erzielen sind. Heute bedeutet Automatisierung die Verbesserung der Produktivität im gesamten Produktlebenszyklus einschließlich der Lieferantenketten. Betrachtet man die Automobilproduktion als Ganzes, so gehören zur Organisation der Produktion folgende Aspekte:

- die Fertigungsplanung und Überwachung der Fertigung
- die Anlieferung der Bestandteile eines Autos (Inbound logistic)
- die eigentliche Produktion, das heißt, die Montage des Autos
- die Sicherstellung des störungsfreien Betriebs der Fertigungsanlagen
- die innerbetriebliche Versorgung mit Ressourcen für Fertigung und Montage (Intra logistic)

- das Qualitätsmanagement und die Auslieferung der Fahrzeuge (Outbound logistic).

Die Vernetzung und automatische Integration dieser Arbeitsbereiche einerseits sowie die Kombination von vielen Einzeltechniken in einem Gesamtmodell andererseits wird als ›intelligente Fabrik‹ oder ›smart factory‹ bezeichnet. Dazu werden komplexe Algorithmen benötigt, die in der Lage sind, auf aktuelle Änderungen in den Abläufen schnell und ›intelligent‹ zu reagieren. Damit sollen gewaltige Produktivitätssprünge erreicht werden. Capgemini verheißt Fabriken, die in ›intelligente Fabriken‹ umgewandelt werden, bis 2023 ein Produktivitätszuwachs von 30 %. [CG-1]

Factory 56 | Als Blaupause für die zukünftige Fahrzeugfertigung gilt die sogenannte ›Factory 56‹ von Daimler in Sindelfingen. Bei der Grundsteinlegung im Februar 2018 erklärte Markus Schäfer, Mitglied des Bereichsvorstands Mercedes-Benz Cars, Produktion und Supply Chain: »Wir werden digital, flexibel und green und wir schaffen eine moderne Arbeitswelt, die individuelle Bedürfnisse stärker berücksichtigt. Letztlich steigern wir in der ›Factory 56‹ die Flexibilität und Effizienz im Vergleich zu unseren aktuellen Fahrzeugmontagen nochmals deutlich – und das natürlich ohne Abstriche bei unserer Top-Qualität. Damit setzen wir neue Maßstäbe im Automobilbau«. [DAIMLER-1], [DAIMLER-2]

Logistikketten | Daimler, BMW und VW stellen nur ca. 15 % eines Fahrzeugs her. Die übrigen 85 % werden durch Zulieferer gefertigt. Die über lange Lieferketten laufende Logistikorganisation in der Automobilindustrie gehört zu den Stärken dieser Branche. Kernelement ist das, was sich Just-in-Sequence-Produktion (JIS) nennt. Ein Auto wird heute nur noch gebaut, wenn der Automobilhändler oder der Endkunde es in einer ganz bestimmten Konfiguration (Farbe, Motorleistung, Innenausrüstung) bestellt hat. Dann läuft es unter Verwendung von Standardkomponenten auf das Montageband. Um es zusammenbauen zu können, müssen die Komponenten für das bestellte Fahrzeug auf die Sekunde genau am Band eintreffen – egal ob es Motoren, Sitze, Rückspiegel oder die Audiokomponenten des Fahrzeugs sind. Ohne perfekte Digitaltechnik ist dies nicht möglich.

Eine wichtige Rolle bei der Optimierung von Logistikprozessen spielt der Einsatz von *radio frequency identification* (RFID)-Techniken. Dabei werden, vereinfacht ausgedrückt, Bauteile, Transportfahrzeuge und Fertigungsmaschinen oder Montageplätze mit miniaturisierten elektronischen Bausteinen ausgerüstet, die über Datenfunk miteinander kommunizieren. Eine Maschine kann, wenn sie ein Bauteil bearbeitet hat, automatisch ein Förderfahrzeug rufen, um das Bauteil abholen zu lassen. Anschließend fordert sie das nächste Bauteil und beginnt mit seiner Bearbeitung.

Das Entertainment-Auto | Das Auto war, nicht nur in Deutschland, schon immer mehr als ein Mittel zur Fortbewegung. Lange Zeit war es Statussymbol und trotz vielfältiger anderslautender Thesen ist diese Zeit immer noch nicht vorbei. Der Verkauf großer und luxuriös ausgestatteter Fahrzeuge (SUV) belegt dies. Das neue intelligente Auto bietet allerdings noch viel mehr als bloßes Fahren. Es bietet ›Connected Entertainment‹. Was dies ist, erklärt IAV, ein weltweit führender Engineering-Dienstleister der Automobilindustrie, der 7.000 Ingenieur*innen beschäftigt, auf seiner Homepage: »Das Seitenfenster kann viel mehr als nur schöne Aussichten bieten: Durch die IAV-Entwicklung ›Side Window Entertainment‹ wird es zum ›Augmented Reality Display‹, das die Umgebung des Fahrzeugs in Echtzeit mit Informationen über Sehenswürdigkeiten anreichert.« Das Prinzip dahinter: Eine Außenkamera filmt, was gerade am Fahrzeug vorbeizieht, während eine 3D-Innenkamera gleichzeitig die Blickrichtung des Insassen verfolgt. Mit Hilfe der GPS-Daten des Fahrzeugs und automatischer Objekterkennung weiß das System dadurch immer ganz genau, was sich der Fahrgast gerade ansieht. Ein transparentes OLED-Display als Seitenscheibe markiert die Sehenswürdigkeiten mit kleinen Touchpoints, die den Objekten während der Fahrt folgen. Drückt man darauf, werden Informationen zum ausgewählten Objekt eingeblendet, die das System aus dem Internet bezieht. Eine weitere Vision, an der IAV arbeitet, ist zum Beispiel eine Smartphone-App für einen ›autonomen Chauffeur‹: Der Kunde bucht per Handy eine Fahrt, woraufhin das autonome Fahrzeug ihn abholt und identifiziert. »Beim Einsteigen ist das Ambiente (unter anderem Licht und Musik) bereits auf die Vorlieben des Passagiers eingestellt.« Über die Frage, wer dies braucht, kann man wahrlich ebenso streiten wie über die Marketing-Floskeln, mit denen das alles verkauft wird.

Fahrassistenzsysteme | Die Digitalisierung des Automobils hat neben diesen Absurditäten aber auch sinnvolle Entwicklungen gebracht. Die Zahl von Verkehrsunfällen und vor allem Verkehrstoten und -verletzten konnte in den letzten Jahrzehnten deutlich reduziert werden. Dazu gehören Systeme, die Auffahrunfälle verhindern und die beim Einparken Hindernisse, und dazu gehören auch spielende Kinder, erkennen. Auch Systeme, die Staus kennen und Autofahrer*innen umleiten, sind sinnvoll. Die Endstufe der Assistenzsysteme ist das selbstfahrende Auto.

Mobilität statt eigenes Auto | Um auch in Zukunft ihre führende Rolle spielen zu können, greift die Automobilindustrie alle neuen Trends auf oder verstärkt sie. Carsharing war einst die Idee von Menschen, die aus durchaus gut gemeinten Gründen auf ein eigenes Auto vor der Haustüre verzichten wollten. Als Gründe wurden die geringe Zahl von Fahrten und die Masse der überall herumstehenden Fahrzeuge genannt. Aber auch die Kosten für den Betrieb eines eigenen Autos spielten eine wichtige Rolle. Die Idee wurde inzwischen von der Automobilindustrie als eigenes Geschäftsmodell »Mobilität« aufgegriffen und kommerzialisiert.

   Grundsätzlich lassen sich bei den Mobilitätsdienstleistungen zwei Geschäftsmodelle unterscheiden. Das erste ist das auf dem Carsharing-Prinzip beruhende Verfahren. Es ist eine Variante des alt bewährten Autoverleihs. Das zweite Modell ist die Bereitstellung einzelner ›Quelle-Ziel-Fahrten‹ und beruht auf dem Taxi-Modell. Beide Modelle werden von Unternehmen aus der Plattform Industrie und der Automobilindustrie gemeinsam vorangetrieben.

Carsharing-Modelle | Hier stellt ein Unternehmen Fahrzeuge zur Verfügung, die durch die Kunden für eine bestimmte Zeit gegen eine Gebühr geliehen werden. Das Verleih-Unternehmen sorgt für den kompletten Unterhalt der Fahrzeuge, einschließlich Steuer und Versicherung. Erstmals wurde das Prinzip 1999 in Karlsruhe als alternatives Konzept unter dem Namen Stadtmobil realisiert. Dort bot das Unternehmen nach eigenen Angaben 2018 ca. tausend Fahrzeuge vom Mini-Car bis zum Transporter für Privatkunden. Grundsätzlich ist ein solches Modell eine echte Alternative zum individuellen Kauf eines Autos, vor allem eines Zweitwagens. Es bringt für den Kunden die Möglichkeit für verschiedene Situationen unterschiedliche Fahrzeuge zu nutzen.

Das enge Netz der Bereitstellungsflächen für die Fahrzeuge hat dazu geführt, dass zwischen 2007 und 2017 die Zahl der Nutzer von 4.800 auf 14.800 gestiegen ist. Karlsruhe ist damit die Stadt mit der höchsten Carsharing-Dichte in Deutschland. Stadtmobil hat sein Geschäft inzwischen auf sieben Regionen ausgeweitet. Ähnliche Angebote sind inzwischen in Deutschland und anderen Ländern Europas flächendeckend verfügbar.

Auch die Automobilhersteller selbst haben sich ins Spiel eingebracht. BMW bietet den 2011 gegründeten Carsharing-Dienst Drive-Now. Daimler zog ein Jahr später mit car2go nach. Es folgte 2017 die PSA-Gruppe (Citroën, DS, Opel, Peugeot, Vauxhall) mit Free2Move, und der VW-Konzern kooperiert mit dem Mobilitätsdienst Gett.

Die Vermittlung einzelner Quelle-Ziel-Fahrten ist fast so alt wie das Automobil selbst. Bereits 1897 nahm Daimler sein erstes Taxi-Fahrzeug in Betrieb. Über mehr als hundert Jahre funktionierte der Betrieb durch klare Gesetze und Regelungen. Die Taxifahrer entwickelten sich zu einer eigenen Gruppe von Beschäftigten mit eigenem Selbstbewusstsein. Die Möglichkeiten des Internets nutzten erfindungsreiche Gründer zu einem völlig neuen Geschäftsmodell. Sie machen Autobesitzer zum Taxifahrer, der haupt- oder nebenberuflich mit seinem Privatfahrzeug Beförderungsdienstleistungen abwickelt. Der erste, der damit im Markt auftrat, war Travis Kalanik mit seinem Unternehmen Uber – zuerst in den USA und bald weltweit.

Die Profitmöglichkeiten scheinen groß zu sein, der Markt ist heiß umkämpft. Ähnlich wie bei den Carsharing-Modellen steigen Automobilkonzerne und Unternehmen der IT-Wirtschaft in dieses Geschäft ein. Google, Ford und Toyota beteiligen sich an Uber. Google kooperiert aber auch mit Fiat Chrysler, dessen Fahrzeuge Google für Testversuche im Bereich autonomes Fahren umbaut. Apple ist beim chinesischen Mobilitätsdienstleister Didi Chuxing eingestiegen, und eine Kooperation von Apple mit dem indischen Fahrdienstleister Ola ermöglicht es seinen Fahrgästen, das Musikangebot von Apple zu nutzen. [DB-1, S. 11] Der Ford-Wettbewerber General Motors arbeitet mit dem Uber-Wettbewerber Lyft zusammen, und Microsoft kauft sich mit einem dreistelligen Milliardenbetrag bei Grab, einem asiatischen Online-Taxiunternehmen, ein. Diese verwenden dafür Microsofts Cloud-Lösung Azure. [HB-1]

Die Monetarisierung von Automobildaten | Ein neues, noch weitgehend unerschlossenes Geschäftsfeld in der Mobilität sind die Daten, die durch Verkehr und Fahrzeuge erzeugt werden. Sie sind für digitale Ökosysteme äußerst interessant. Auch hier sind sich sowohl die Automobil- als auch die Internetunternehmen einig in ihrem Ziel, aus der Mobilität einer wachsenden Weltbevölkerung Profite zu ziehen. Die Deutsche Bank schreibt dazu in der Studie »Das Digitale Auto« vom Juni 2017: »Diese Unternehmen sind in ganz besonderem Maß daran interessiert, digitale Serviceleistungen auszubauen und zu vermarkten, die rund um den Straßenverkehr und darüber hinaus nützlich sein können. Es geht ihnen letztlich also (auch) darum, die Datenflut zu monetarisieren, die vor, während und nach einer Autofahrt verfügbar ist bzw. generiert wird.« [DB-1, S. 11]. Anders ausgedrückt: ›Freie Fahrt‹ für diejenigen, die die Daten zu Geld machen wollen.

Wer treibt, wer profitiert

Die Automobilindustrie ist sich ihrer Macht bewusst. Sie ist der größte und aktivste Lobbyist in der deutschen Politik. Rund 7,7 Prozent der gesamten Wirtschaftsleistung Deutschlands gehen direkt oder indirekt auf die Autoproduktion zurück. Mit einem Umsatz von 426 Mrd. Euro erreichte die Automobilindustrie 2017 ein neues Rekordniveau. [statista-2] Im selben Jahr waren ca. 820.000 Beschäftigte in tausend Betrieben in der deutschen Automobilwirtschaft tätig. [VDA-1]

Mit dem Argument Arbeitsplätze wird nahezu jede Kritik an einer kritischen Betrachtung der Automobilindustrie zurückgewiesen. Auch die politischen Parteien und die Regierungen in den Automobil-Bundesländern Baden-Württemberg, Bayern und Niedersachsen, egal ob CSU/CDU, Grüne oder SPD, treiben die Konzepte der Digitalisierung in der Automobilindustrie durch Forschungsgelder und eine automobilfreundliche Politik voran. Eine notwendige Diskussion über einen Strukturwandel hin zu umweltfreundlicherer Mobilität, die durch Digitalisierung möglich wäre, wird dadurch eher verhindert.

Wer verliert

In kaum einer anderen Großbranche der deutschen Wirtschaft sind die Beschäftigten so nervös wie in der Automobilbranche. Sie fürchten zu Recht um ihre Arbeitsplätze und ihre hochqualifizierten und gut bezahlten Tätigkeiten. Die Gründe liegen im Umstieg vom Verbrennungsmotor auf den Elektroantrieb, beim selbstfahrenden Auto und im Verdrängungswettbewerb zwischen den wenigen weltweit noch verbliebenen Automobilherstellern. Angst besteht nicht nur bei den Mitarbeiter*innen in der Produktion, sondern ebenso in den Ingenieursdisziplinen. Viele mussten in den letzten Jahren bereits eine Transformation vom eigentlichen Hersteller zu Zuliefererfirmen mitmachen. Solche Entwicklungsdienstleister (EDL) sind längst keine ›kleinen Buden‹ oder Konstruktionsbüros mehr, sondern selbst zu Großbetrieben geworden. Mit mehr als 12.000 Beschäftigten ist die Bertrandt AG im baden-württembergischen Ehningen einer der größten in Deutschland. Etwa 10.000 Mitarbeiter*innen dürften für die Automobilindustrie arbeiten. Einige der großen Automobilzulieferer wie Bosch, Continental oder Mahle haben die Entwicklung für ihre Automobilkunden übrigens selbst in eigene Firmen ausgegliedert. Die 25 größten EDLs in Europa beschäftigen insgesamt circa 230.000 Menschen. Von diesen arbeiten 200.000 für deutsche EDL. 14 der 25 größten europäischen EDL haben ihren Sitz in Deutschland. [VDA-2], [AI-1]

Besonders betroffen von Änderungen sind auch die Beschäftigten im Service. Der Zentralverband Deutsches Kraftfahrzeug Gewerbe (ZDK) zählte im Jahr 2000 für seinen Bereich noch rund 526.000 Beschäftigte. 2017 waren nur noch 460.000 Mitarbeiter*innen in diesem Branchenzweig tätig. Das ist ein Minus von 12,5 %. Gleichzeitig sank die Anzahl der Kfz-Betriebe von 47.000 im Jahr 2000 auf 37.740 im Jahr 2017 – und dies bei einem steigenden Bestand an Fahrzeugen. [AP-1]

Schlussfolgerungen

Jörg Hofmann, Erster Vorsitzender der IG Metall, fordert angesichts des Wandels: »Politik und Unternehmen müssen jetzt Strategien entwickeln, um diese Transformation zu gestalten (…) Die Politik muss den notwendigen Strukturwandel durch zielgerichtete Industrie- und Beschäftigungspolitik flankieren.« [IGM-4] Vielfach wirken die Aussagen der IG Metall allerdings eher hilf- und ratlos. Ihr geschäftsführendes Vorstandsmitglied in NRW, Ralf Kutzner, sagte in einem Interview: [AAN-1] »Ohne Mitbestimmung und Tarifbindung ist die Digitalisierung nichts als eine reine Rationalisierungsveranstaltung. Die Folgen kennen wir: Arbeitsplätze werden abgebaut, Leistung verdichtet, Lohn gekürzt – das sind Entwicklungen, die wir nicht haben wollen.« Zusätzlich fordert er Maßnahmen zum Beschäftigtendatenschutz sowie zur Qualifizierung und Weiterbildung. »Diese müssen so gestaltet werden, dass sich an anderer Stelle wieder neue Perspektiven eröffnen.« Dies ist alles richtig, aber nicht ausreichend. Es fehlen zum Beispiel klare Forderungen nach einer anderen Besteuerung der Unternehmen, die Produktivitätsgewinne abschöpft, oder nach Verkürzung der Arbeitszeit bei vollem Lohnausgleich, wenn ein Teil der Arbeit wegfällt.

In der Geschichte der Arbeiterbewegung war Verkürzung der Arbeitszeit stets das wichtigste Ziel angesichts von technisch möglichen Rationalisierungsschüben. Es wurde verbunden mit der Forderung nach guten Arbeitsbedingungen und einer besseren Vereinbarkeit von Arbeit, Familie und Leben. Dies war so beim Kampf für den 8-Stunden-Tag, die 5-Tage-Woche (»Samstags gehört Vati mir«), die 35-Stunden-Woche Ende der 1970er und Anfang der 1980er Jahre. Im Frühjahr 2018 brachte die IG Metall das Thema Arbeitszeitverkürzung erstmals seit Jahren wieder in die Tarifauseinandersetzung ein und erzielte dabei dank der Streikbereitschaft ihrer Mitglieder Erfolge. Die Frage einer generellen Arbeitszeitverkürzung sollte vom DGB darüber hinaus in die gesellschaftliche Diskussion eingebracht werden.

3.6
Die Digitalisierung der Medien

Geschichte
Derzeit befindet sich das Medienwesen im Umbruch. Die IT-Techniken, also das Internet, geben neue Räume frei zur Informationsverbreitung und damit zur Steuerung von Meinungen und Weltanschauungen. Die Verfügungsgewalt über diese ›Neuen Medien‹ bleibt jedoch zumeist in Privathand.

Was kann die neue Technik?
Das 5G-Internet | Die Basis für die ›Neuen Medien‹ ist das Internet, und das ist nichts anderes als ein Netzwerk von vielen einzelnen Computern, die über spezielle Rechner, sogenannte Internet-Service-Provider, verbunden sind. Die Verbindung wird über feste Leitungen oder per Funk hergestellt. Für einen schnellen und unterbrechungsfreien Datenverkehr sind sogenannte Datenautobahnen notwendig. Die neueste Generation dieser Verbindungen sind kabelgebundene

Glasfasernetze und Funknetze mit der Bezeichnung 5G. Gegenüber älteren Techniken erlaubt 5G eine schnellere Versorgung für eine größere Anzahl von Nutzern, die alle parallel arbeiten wollen. Ohne diese Infrastrukturen ist der Betrieb des Internets nicht möglich. Der Bau und der Betrieb der Netze, sowohl was Glasfaser-, als auch was Funknetze betrifft, befinden sich in der Hand privater Anbieter. Ihre Absicht ist es, mit der Bereitstellung der Infrastruktur Gewinne zu machen. Diese Profitabsicht prägt die jüngsten Diskussionen über die Geschwindigkeit und Zuverlässigkeit dieser teuren Infrastrukturen. Der Hauptdruck, ein schnelles Internet bereitzustellen, kommt von den Unternehmen. Da sie zunehmend Teile ihres Geschäfts über aktive Homepages abwickeln, ist eine mehr oder weniger 100%ige Verfügbarkeit des Internets erforderlich. Die zweite Gruppe sind die privaten Nutzer. Sie bedienen sich des Internets für die Kommunikation mit anderen Menschen via E-Mail, SMS, Whatsapp, Youtube, Instagram sowie zur Unterhaltung und Informationsbeschaffung und für viele andere ›einfache Dienste‹. Diese müssen jederzeit und an jedem Ort verfügbar sein.

Nachrichtenverbreitung | Mehrere Umfragen von Bitkom, Forsa und anderen Marktforschungsinstituten bestätigen, was ohnehin bekannt ist. Das Internet wird bei der Informationsbeschaffung immer wichtiger. Derzeit liegen laut Forsa gedruckte Zeitungen mit 22%, die Webseiten dieser Medien mit 23% und das Fernsehen mit 24% gleichauf an der Spitze bei der Informationsbeschaffung über politische Themen und Tagesereignisse. Mit deutlichem Abstand folgen Radio (9%), Soziale Medien (9%) und persönliche Gespräche (8%). [statista-10] Dass jüngere Menschen im Alter von 15 bis 29 Jahren die Internetmedien stärker nutzen als die über 65-Jährigen überrascht nicht. Führend beim Informieren über das Weltgeschehens sind die Internetseiten der traditionellen Printmedien und der Fernsehsender. Als erster Zugang zur Informationsbeschaffung dienen für viele allerdings die Einstiegsseiten von E-Mail-Providern wie T-Online, GMX oder Web.de. [CB-1]. Das Angebot dieser Meldungen ist gewöhnlich vollkommen einseitig. Dies betrifft nicht nur die Anzahl der Meldungen, sondern auch deren Zusammensetzung. Politische Nachrichten spielen eine eher untergeordnete Rolle gegenüber Meldungen über Prominente, Sport und Katastrophen. Häufig sind Werbung und Nachricht kaum voneinander unterscheidbar.

Eine grundlegende Änderung erfolgt durch das Internet beim Zugriff auf Informationen jeglicher Art. Durch Smartphones ist dieser Zugriff auch mobil und zu jedem beliebigen Zeitpunkt und an allen Orten, an denen es einen Internetzugriff gibt, möglich.

Suchmaschinen | Die Internetseite mit den höchsten Klickraten ist Google. Aber es gab tatsächlich einmal ein Internet ohne Google. Die ersten Suchmaschinen hießen Altavista und Yahoo. Google war bis Ende der 1990er Jahre ein Geheimtipp, hat aber inzwischen alle anderen Wettbewerber weit hinter sich gelassen. Der Versuch von Microsoft, mit Bing Paroli zu bieten, klappte nicht. Google hat eine Marktmacht von (je nach Quelle) fast 90 %. Microsoft kommt gerade mal auf 6 %. Der einstige Pionier Yahoo nutzt heute Bing und liegt ebenfalls bei 6 %. Dass nicht alle Monopolkommissionen der Welt dagegen Sturm laufen, ist eigentlich mehr als verwunderlich, denn Google ist längst kein ›netter Helfer im Internet‹ oder ein Faktenfinder mehr, sondern ein auf vielen Wirtschaftsfeldern führender Monopolist. Hinter Amazon ist Google das zweitwertvollste Unternehmen der Welt. Es gibt einen Wettbewerber, der bei Suchanfragen einen großen Marktanteil hat, in den meisten Statistik und Rankinguntersuchungen jedoch nicht genannt wird. Die Seite heißt Baidu und wird in China betrieben. Der deutsche Internetriese 1&1 qualifiziert Baidu in einer der Listen der beliebtesten Suchmaschinen unter der Spalte Besonderheiten mit dem diskriminierenden Eintrag »zensierte Inhalte« ab. [DG-1]

Google beansprucht, jeden Menschen zu den Informationen zu führen, die seine Fragen für alle Lebensbereiche beantworten. In der Tat führen Anfragen in Google zu Informationen, meist sogar zu hilfreichen. Allerdings längst nicht zu allen. Was eine Google-

Anfrage anzeigt, wird durch einen streng geheimen Algorithmus gesteuert – manipuliert wäre zutreffender. Google merkt sich jede Anfrage und ›weiß‹ mit der Zeit, was den Nutzer am meisten interessiert und wo er wohnt. Das ist ganz schön, wenn man nach einem Arzt sucht. Da nennt Google dann an erster Stelle die Ärzte vor Ort. Da dieses »Google weiß, was dich interessiert« immer in dessen Algorithmus mitläuft, werden bestimmte Inhalte gar nicht oder erst auf weit hinten liegende Anzeigeseiten gelistet. Google steckt seine Nutzer also in eine Meinungsblase. Es ist deshalb schon lange kein Wissensmedium mehr, sondern eine riesige zensierende Propagandamaschine.

Wikipedia | Wikipedia ist eine der am häufigsten besuchten Internetseiten. Sie ist die wichtigste Informationsquelle für Schüler*innen, Studenten*innen und Laien, aber auch für Journalist*innen. Millionen von Beiträgen über alle Bereiche von Politik, Geschichte, Persönlichkeiten, Sport, Wirtschaft etc. stehen in 280 Sprachen zur Verfügung. Die herkömmlichen gedruckten Enzyklopädien haben seit der Gründung von Wikipedia im Jahr 2001 stark an Bedeutung verloren. »Der Brockhaus« wird seit 2014 nicht mehr gedruckt. Das Wissen der Welt steckt angeblich in Wikipedia, und das Internet ermöglicht es, dass dieses Wissen permanent ergänzt und korrigiert wird. Grundsätzlich darf jede Person auf Wikipedia schreiben und seine Ansicht dort einbringen. Allerdings wird nicht alles, was auf den Eingangsportalen von Wikipedia eingetragen wird, dort auch aufgenommen. Bevor Wikipedia einen Text publiziert, entscheidet ein ›Sichter‹, ob dies geschieht oder nicht. Noch weitergehende Rechte hat ein Wikipedia-›Administrator‹. Er kann bestehende Beiträge löschen und Wikipedia-Autor*innen sogar sperren. Eine öffentliche wissenschaftliche Kontrolle darüber gibt es nicht.

Gegründet wurde Wikipedia 2001 als Graswurzelprojekt. [Wikipedia-4] Anders als bei den großen Enzyklopädien wie Brockhaus, Bertelsmann-Lexikon oder der Encyclopædia Britannica, die von Verlagen herausgegeben wurden, werden die Texte auf Wikipedia von den Nutzern selbst verfasst, redigiert und publiziert. Etwa 100.000 User sind weltweit aktiv, davon 7.000 in Deutschland. [Wikipedia-5]

Betrieben und finanziert wird Wikipedia durch einen gemeinnützigen Verein namens Wikimedia Foundation, der es schafft, ohne direkte Kapitalinteressen werbefreie Informationen weltweit zu verbreiten. Inwieweit Wikipedia tatsächlich als neutral oder sogar wissenschaftlich fundiert bezeichnet werden kann, wird im Netz und in der wissenschaftlichen Community höchst kontrovers diskutiert. Markus Fiedler und Frank-Michael Speer setzen sich mit der Objektivität von Wikipedia in einem zweistündigen Film auseinander und verbinden harsche Vorwürfe gegen ›Sichter‹ und ›Administratoren‹, die unliebsame Meinungen sofort nach Eintrag wieder löschen. Grundsätzlich ist die Filterung von Einträgen gewiss sinnvoll, um zu vermeiden, dass Falschmeldungen oder Lügen Teil einer Enzyklopädie werden. Politisch vertritt Wikipedia tendenziell aber eine neoliberale Sicht, wie sie in den Zentren des Westens vorgegeben wird.

Streamingdienste | Wird von ›Actionfilmen an jeder Milchkanne‹ gesprochen, kommt man zu einer Geschäftsidee, die eigentlich alt und gut ist. Gemeint ist das Herunterladen von Musik und Filmen. Durch das Internet wird dies zur weitverbreiteten Form des Konsums dieser Medien. Dazu müssen die Dateien mit der Musik, einem vorgelesenen Buch oder einem Film nicht unbedingt vollständig auf das individuelle Gerät (Rechner, Laptop oder Smartphone) heruntergeladen werden. Ein Film wird beim Streamen im ›durchlaufenden Strom‹ angeschaut. Diese neue Form des ›Ausleihens‹ erfordert keinen Gang zur Bibliothek, Videothek oder ins Kino mehr. Man kann dies an (fast) jeder Stelle der Welt machen. Wo früher Leihgebühren erforderlich waren, stehen nun Streaminggebühren an. Einer der bekanntesten Streamingdienste bei Filmen ist Netflix mit 130 Millionen Nutzern aus 190 Ländern. Das Unternehmen gehört zu den reichsten der Welt und ist 150 Milliarden Dollar wert.

Es beschäftigt lediglich 5.500 Mitarbeiter*innen – die Profitrate ist gigantisch.

Wer treibt und wer profitiert

Zu den stärksten Treibern in der Medienwelt gehört die werbetreibende Industrie. Früher hängte man kleine Zettelchen mit Wünschen bezüglich Mitfahrgelegenheiten, Kleinverkäufen oder Prüfungsvorbereitungen ans Schwarze Brett in der Uni-Mensa. Heute ist das gesamte Internet ein einziges Blackboard für Werbung. Facebook, Google, Youtube, Instagram, aber auch nahezu jede andere Homepage der Nachrichtenmedien (mit Ausnahme von ZDF und ARD) setzen auf das Geschäftsmodell Werbung, korrekter gesagt, auf individualisierte Werbung. Bis vor wenigen Jahren zielte Werbung auf eine mehr oder weniger diffuse Masse von Konsument*innen. Über das Internet und das systematische Einsammeln von Daten bei jedem Klick auf eine Suchmaschine oder einem Angebot eines Online-Händlers werden die Voraussetzungen geschaffen, dass bereits Minuten später, beim Aufruf einer weiteren Homepage, Werbung für ähnliche Produkte oder Dienstleistungen auf dem Bildschirm der Internetnutzer*innen erscheinen. Da diese Form der Werbung von immer mehr Firmen genutzt wird, kommt es zu einem Verstärkungseffekt. Weil alle so werben, wird dies immer aggressiver. Teile des Inhalts der Internetseiten werden ganz oder teilweise von Werbung überblendet, bis sie weggeklickt wird oder ein Zeitintervall abgelaufen ist. Mit sogenannten ›Werbe-Blockern‹ (AD-Blocker) konnte man diesem Werbedruck zumindest zeitweise entgegenwirken. Viele Webseiten, die auf Werbeeinnahmen setzen, umgehen dies, indem ein Zugriff bei eingeschaltetem AD-Blocker nicht mehr möglich ist.

Wer verliert

Das Sterben der Printmedien | Zu den großen Verlierern durch das Internet zählen die Printmedien, in erster Linie Zeitungen und Zeitschriften. Allein im Zeitraum Juni 2016 bis Juni 2017 sanken die Abonnentenzahlen teilweise drastisch, so von *Bild* (-9,0 %), *neu-*

es deutschland (-7,7 %), *FAZ* (-6,1 %), *taz* (-3,4 %), *Süddeutsche Zeitung* (-2,0 %9), *Die Welt* (-1,4 %) und *Handelsblatt* (-0,5 %). Auch 2018 ging der Schrumpfungsprozess weiter. In den Verlagshäusern kam es durch die Geschäftsideen und die technischen Möglichkeiten der Internetunternehmen zu einer tiefgreifenden Veränderung des Journalismus. Einerseits wurden durch die Monopolisierung im Medienwesen Stellen in Zeitungsredaktionen vernichtet. Viele Journalist*innen arbeiten heute als Freelancer ohne soziale Absicherung. Sie stehen zudem unter einem großen Zeitdruck, Meldungen möglichst schnell auf die Homepage ›ihres‹ Verlags zu bringen. Gründliche Recherchearbeit wird durch diesen Druck schwieriger oder bleibt sogar ganz auf der Strecke. Betroffen sind von dieser Entwicklung neben den Journalst*innen auch alle anderen Beschäftigten in Verwaltung, Technik, beim Druck und dem Vertrieb von Zeitungen.

Schlussfolgerungen

Die Nutzung des Internets ist nicht mehr zurückzudrehen. Wie es genutzt wird, wird derzeit in einer gesellschaftlichen und politischen Auseinandersetzung auch ›auf der Straße‹ diskutiert, wie die Demonstrationen junger Menschen über ›Artikel 13‹ der EU-Reform des Urheberrechts zeigen. Die Gefahr der totalen Vereinnahmung durch private Unternehmen und staatliche Institutionen ist offensichtlich. Andererseits bietet das Internet (fast) allen Bürgern und Bürgerinnen die Möglichkeit, ihre Weltsicht zu publizieren. Blogs und Foren werden zu einer Konkurrenz vor allem der privaten Medien – egal ob Print oder Digital. Dies muss eine demokratische Gesellschaft verteidigen.

3.7
Die Digitalisierung der Gesundheit

Zur Geschichte der Gesundheitsindustrie

Die Geschichte der Medizin beginnt bereits 500 Jahre vor unserer Zeitrechnung mit dem Arzt Hippokrates, auf den bis heute die Mediziner ihren Eid schwören, demzufolge sie als Basis ihrer Arbeit ethische Kriterien definieren. Die Hospitäler und Krankenhäuser waren bis zum Ende des 20. Jahrhunderts weitgehend in kommunaler, kirchlicher oder gemeinnütziger Trägerschaft. Bis 1985 war es per Gesetz verboten, in Krankenhäusern Gewinne zu machen. In den Jahren nach 1985 wurde dieses Verbot zunehmend gelockert, bis es mit der Einführung der Fallpauschalen völlig wegfiel. Damit begann die Umkehrung eines Grundprinzips, das es dem Gesundheitssystem auferlegte, Menschen zu heilen, in ein System, das es ermöglicht, Profite zu schöpfen und zu maximieren. Mit Beginn des 21. Jahrhunderts nahm die Kommerzialisierung des Gesundheitswesens mit der Digitalisierung noch mehr Fahrt auf.

Was kann die neue Technik?

Der Pflegeroboter | Wenn von Digitalisierung im Gesundheitswesen geredet wird, kommt das Gespräch ziemlich schnell auf den Pflegeroboter, und die Furcht, dass statt menschlicher Fürsorge mechanische Verrichtungen am kranken oder gebrechlichen Menschen im Vordergrund stehen. Kurzfristig ist nicht zu befürchten, dass die menschliche Tätigkeit aus der Pflege völlig verschwindet, zumindest solange der Preis der menschlichen Arbeitskraft noch nicht durch den Pflegeroboter unterboten wird. Dabei kommt es sicherlich auch darauf an, dass humane Ansprüche eine solche Entmenschlichung nicht zulassen. Bereits heute wird Hightech in der Intensivmedizin oder bei Prothesen, Rollstühlen oder Vorrichtungen, um sich im Bett aufzurichten, eingesetzt. Dies kann jetzt durchaus über Sprachsteuerung erfolgen, statt über ein Steuergerät mit einem Dutzend Tasten. Auch Hörgeräte oder Systeme, die Blinden ein gewisses Sehen ermöglichen, wären ein gutes Gebiet für Software mit dem Attribut Künstliche Intelligenz.

Digitalisierung der Verwaltungsfunktionen | Die größten Rationalisierungsmaßnahmen in den Betrieben des Gesundheitswesens betreffen derzeit die gleichen Arbeitsfelder wie in anderen Branchen. Die Tätigkeit in den Büros wird zunehmend automatisiert. In der Einsatzplanung von Personal, bei der Belegung von Operationssälen, bei Transportdiensten oder beim Einkauf wird auch in Kliniken und Pflegeeinrichtungen durch ERP-Systeme rationalisiert. Dasselbe gilt für Dokumentenmanagement-Systeme zur Verwaltung der digitalen Patientenakte. Dutzende Softwareanbieter haben sich mit branchenspezifischen Lösungen auf die Gesundheitsbranche spezialisiert.

Der Patient und seine digitale Patientenakte | Informationstechnisch gesehen, sind Patienten Objekte, die als Person beschrieben werden. Dazu gehören nicht nur die physischen Körpereigenschaften eines Kranken und die Bezugspersonen, die ihm nahestehen, sondern auch seine akuten Krankheiten, Vorerkrankungen, chronischen Leiden sowie zurückliegende medizinische Behandlungen. Diese Informationen sind sinnvoll. Ebenso sinnvoll ist es, dass sie durch den Einsatz von IT-Technik so organisiert werden, dass sie Notfallmediziner*innen und Pflegekräften in Kliniken schnell zur Verfügung stehen. Damit die Erstellung einer solchen ›digitalen Patientenakte‹ möglich ist, müssen die Daten am besten immer unmittelbar, das heißt zum Beispiel auf einer Chipkarte verfügbar sein. Dies wiederum erfordert allerdings, dass alle im System tätigen Institutionen über neutrale Schnittstellen auf die Daten zugreifen. Ein offenes Problem ist hierbei, ob und wie weit sich Personen einer möglichen Digitalisierung entziehen dürfen.

Die Medizindatenbanken | Bildgebende Verfahren, wie zum Beispiel Ultraschall oder Computertomografie sind eine wichtige Grundlage für die medizinische Diagnose und Therapie. Sie ermöglichen es, Krankheiten frühzeitig zu erkennen und gezielt zu behandeln. Bei jeder Untersuchung mit einem dieser Geräte fallen große Mengen an Bilddaten und anderen medizinischen Messwerten an. In der Vergangenheit wurden die Daten einer Untersuchung als abgeschlossene Einheit gespeichert und auf Fotopapier oder auch auf digitalen Datenträgern wie DVDs abgespeichert und Patient*innen übergeben. Ein Vergleich von Diagnosebefunden in großem Rahmen war nicht möglich. Durch moderne Datenbanktechnologien können große Mengen von solchen Untersuchungen und der daraus gewonnenen Diagnosen zusammengeführt werden. Sind erst einmal hunderte oder hunderttausende solcher Datensätze verfügbar, kann durch Algorithmen ein systematischer Vergleich der Untersuchungsdaten und der Diagnosen von Ärzt*innen aus unterschiedlichen Disziplinen und Ländern vorgenommen werden. Daraus lassen sich dann automatisch Hinweise auf Erkrankungen oder deren Ursachen ableiten. Hersteller wie Fresenius (Dialysesysteme) oder Siemens (Tomographiesysteme) tun dies, indem sie ihre Geräte aus aller Welt vernetzen und die erfassten Daten in Datenbanken eingeben. Zusammen mit Siemens schwärmte Microsoft bei einem Kongress im November 2016 davon, wie durch die Zusammenführung von Daten tausender von Tomographiegeräten und anderer Diagnosemaschinen Krankheiten besser erkannt und therapiert werden können. »Intelligente, selbstlernende Algorithmen können bessere Diagnosen stellen als einzelne Ärzte«, erklären sie voller Begeisterung und gaben jungen IT-Firmen den Ratschlag, in solchen Bereichen neue Geschäftsmodelle zu entwickeln. [UZ-1] Zur systematischen Analyse der medizinischen Daten benötigt man aber außer den Datenmengen ›intelligente Algorithmen‹ und enorme Prozessorleistungen.

Die Video-Sprechstunde | Seit Februar 2017 können Ärzte ihre Patient*innen über das Internet ärztlich beraten und dabei eine Therapie am Bildschirm erläutern oder den Heilungsprozess einer Operationswunde begutachten. So müssen Patienten nicht für jeden Termin in die Praxis kommen. Dabei ist die Organisation denkbar einfach: Der Arzt wählt einen zertifizierten Videodienstanbieter aus, der für einen reibungslosen und sicheren technischen Ablauf der Videosprechstunde sorgt. Arzt und Patient benötigen im Wesentlichen einen Bildschirm mit Kamera, Mikrofon und Lautsprecher sowie eine

Internetverbindung. Eine zusätzliche Software ist nicht erforderlich. Auch hier stellt die kassenärztliche Bundesvereinigung den Vorteil für den/die Patient*in in den Vordergrund.

Rezepte aufs Handy | Bis spätestens 2020 will Bundesgesundheitsminister Spahn das digitale Arzneimittelrezept einführen. »Erst das elektronische Rezept macht Telemedizin zu einem Erfolgsprojekt«, erklärte Spahn im Herbst 2018 der *FAZ*. Deswegen schaffe er mit einer Gesetzesänderung den Rahmen dafür, dass Patienten künftig auch dann Medikamente verschrieben werden könnten, wenn sie nur eine Videosprechstunde besuchen. Der Bundesverband der Verbraucherzentrale begrüßte die Pläne des Ministers. »Die Telemedizin spart Ärzten und Patienten Zeit und Wege – vor allem auf dem Land und außerhalb der üblichen Praxisöffnungszeiten«, so Spahn weiter. [FAZ-5]

Die Teleinfrastruktur (TI) im Gesundheitswesen | Grundlage für die gesamte Digitalisierung im Gesundheitswesen ist das im Dezember 2015 beschlossene »Gesetz für sichere Kommunikation und Anwendung im Gesundheitswesen«, auch E-Health-Gesetz genannt. Dieses Gesetz enthält einen konkreten Fahrplan für den Aufbau der sicheren Telematik-Infrastruktur und die Einführung medizinischer Anwendungen. Ziel dieses Gesetzes ist es, die Chancen der Digitalisierung für die Gesundheitsversorgung zu nutzen und eine schnelle Einführung medizinischer Anwendungen für die Patientinnen und Patienten zu ermöglichen. Die Organisationen der Selbstverwaltung erhalten darin klare Vorgaben und Fristen, die bei Nichteinhaltung zu Sanktionen führen. Die Schwerpunkte der Regelungen sind:

- Die zügige Einführung und Nutzung medizinischer Anwendungen (modernes Versichertenstammdatenmanagement, Notfalldaten, elektronischer Arztbrief und einheitlicher Medikationsplan),
- die Einführung einer Telematik-Infrastruktur als maßgeblicher und sicherer Infrastruktur für das deutsche Gesundheitswesen,

- die Erstellung eines Interoperabilitätsverzeichnisses zur Verbesserung der Kommunikation verschiedener IT-Systeme im Gesundheitswesen,
- die Förderung telemedizinischer Leistungen (Online-Videosprechstunde, telekonsiliarische Befundbeurteilung von Röntgenaufnahmen).

Trotz Milliardenaufwendungen wurde mit dieser Gesetzgebung bislang wenig erreicht. Rudolf Bauer, Sozialwissenschaftler und Publizist geht mit dieser Reform hart ins Gericht: »Sie ist bisher eine Abfolge von Pleiten, Pech und Pannen – und Profiten. Das voraussehbare Ergebnis werden unterschiedliche Risiken und Nebenwirkungen sein: eine ungeahnte Kostenexplosion, ein exorbitanter Datenmissbrauch und ein bislang unbekanntes Überwachungssystem zur Sicherung der politischen und ökonomischen Herrschaftsstrukturen in einer staatsmonopolitisch gesteuerten Gesellschaft des neoliberalen Kapitalismus – jenseits von klassischer Demokratie und bürgerlichem Sozialstaat.« [MB-2]

Der Grund, warum dies nicht funktionierte und funktioniert, liegt an den unterschiedlichen finanziellen Interessen der ›Mitspieler‹ im Gesundheitswesen. Die Leidtragenden sind die Patienten, und zwar auf zweifache Weise: Einerseits, weil sie die Mängel aushalten müssen, und andererseits weil sie das in sich kaputte System durch Beiträge zu den Krankenversicherungen und Steuern bezahlen.

Die digitale Versicherungskarte | Kernelement der Teleinfrastruktur im Gesundheitswesen ist die elektronische Gesundheitskarte (eGK), eine Erweiterung der bislang von den Krankenkassen ausgegebenen Chipkarten. Im Januar 2005 wurde eigens eine Firma, die Gematik – Gesellschaft für Telematik-Anwendungen der Gesundheitskarte mbH, gegründet, um diese Checkkarte zu spezifizieren und implementieren. Geburtshelfer waren die Spitzenorganisationen des deutschen Gesundheitswesens. Dies sind die Bundesärztekammer, die Bundeszahnärztekammer, der Deutsche Apothekerverband, die Deutsche Krankenhausgesellschaft, der Spitzenverband der Gesetzlichen Krankenversicherungen, die Kassenärztliche Bundesvereinigung und die Kassenzahnärztliche Bundesvereinigung. Die Entwicklung der eGK kostete Milliarden und droht nun endgültig zu scheitern. Der AOK-Chef Martin Litsch, der die eGK einst mit höchsten Worten lobte, sagt nun: »Die elektronische Gesundheitskarte (eGK) ist gescheitert. Wir brauchen einen völligen Neuanfang.« [AOK-1] Sucht man nach den Ursachen, findet man wenige plausible Gründe, außer Bürokratie, ›mangelnde Interoperabilität‹ oder die Weigerung von Patient*innen ihrer Krankenkasse ein Passbild zu überlassen. Den wohl wichtigsten Grund nennt das Magazin *Focus* in einem Nebensatz: »die Individualität … erschwert gemeinsame Lösungen.« [Focus-1] Zu viele Einzelinteressen also. Eine Panne, bei der im September 2019 tausende Datensätze mit persönlichen Krankendaten in die Öffentlichkeit gelangten, zeigt, dass die Sicherheit der Daten immer noch lückenhaft ist.

Wer treibt und wer profitiert
Ziel der Digitalisierung im Gesundheitswesen sind nicht der einzelne Patient und die Gesundheit der Bevölkerung, sondern die Senkung der Kosten im Gesundheitssystem, um nicht die Profite der Gesundheitsindustrie anzutasten. »Durch den Einsatz digitaler Technologien könnten im deutschen Gesundheitswesen bis zu 34 Mrd. Euro jährlich eingespart werden. [MCK-1]

Einer der größten Treiber ist Gesundheitsminister Jens Spahn. Er drängt massiv auf mehr Tempo. Da die Gematik-Gesellschaft, siehe oben, nach seiner Auffassung bisher alles verbockt hat, erklärte er im Januar 2019, diese Aufgabe fortan selbst übernehmen zu wollen. Der Bund, vertreten durch das Gesundheitsministerium, soll künftig 51 Prozent der Anteile an der Gesellschaft halten. Als einen Grund, warum es in diesem Bereich in den vergangenen Jahren kaum voranging, hat der Gesundheitsminister die gegenseitige Blockade von Ärzteschaft und Krankenkassen ausgemacht. [HB-2] Gut zehn Monate ist bei der Gematik aber nichts passiert, außer dass Spahn den Chef des Unternehmens geschasst hat. Der neue soll doppelt so viel Geld erhalten wie sein Vorgänger. [Spiegel-3]

Der zweite große Treiber sind die privaten Klinik-Konzerne wie Fresenius mit den Helios-Kliniken, Asklepios, Röhn-Kliniken oder Paracelcius. Sie setzen Hand in Hand mit staatlichen und kommunalen Trägern auf die Privatisierung des Gesundheitswesens und seine Unterwerfung unter betriebswirtschaftliche Profitinteressen. Kleinere Krankenhäuser vor allem in ländlichen Bereichen lassen Profite deutlich weniger zu als große Einrichtungen. Zwischen 2000 und 2017 ging die Zahl der Krankenhäuser von 2242 auf 1942 zurück. Auch die Anzahl verfügbarer Krankenhausbetten ist seit dem Jahr 2000 um über zehn Prozent auf bundesweit rund 498.800 Betten zurückgegangen, wobei die privaten Klinikbetreiber ihre Kapazitäten im gleichen Zeitraum deutlich ausbauen konnten, und dies bei steigenden Fallzahlen. [statista-7]

Die dritte Gruppe der Treiber findet sich in den Unternehmen, die Geräte und Dienstleistungen für Arztpraxen, Krankenhäuser und Pflegeeinrichtungen liefern. Der Gesundheitskonzern Fresenius aus Bad Homburg meldete 2017: »Fresenius erreicht 13. Rekordjahr in Folge und will weiter kräftig wachsen.« [Fresenius-1] »Aber auch gehobene Mittelständler wie Compugroup, ein Anbieter von Software für Arztpraxen und Krankenhäuser, verdient gut. ... Wer vor zehn Jahren 10.000 Euro in Aktien des Softwareherstellers investiert hat, kann heute auf eine Depotgröße von 107.000 Euro blicken«, so die *FAZ* voll Freude. [FAZ-4]

Wer verliert

Zu den großen Verlierern der Digitalisierung zählen die Beschäftigten im Gesundheitswesen. Die Möglichkeiten der Digitalisierung werden nicht genutzt, um ihre Arbeit einfacher zu machen, den Stress auf den Stationen zu reduzieren und körperliche Anstrengungen zu minimieren. Dies belegt zumindest in der Tendenz eine Studie der Hans-Böckler-Stiftung. »Positiven und neutralen Einschätzungen stehen vielfach kritische Aussagen gegenüber. Während einerseits Zeitersparnis durch Digitalisierung diagnostiziert wird, berichten die Beschäftigten an anderer Stelle von gestiegenem Arbeitsdruck und Hetze infolge neuer Technologien. Insgesamt zeigt sich eine Tendenz zur Arbeitsverdichtung. Echte Verbesserungen nennt nur eine kleine Minderheit. [HBS-1, S. 52]

Erhebliche Unterschiede in Bezug auf Zahl und Änderung der Arbeitsplätze gibt es nach Aussage der Studie zwischen öffentlichen, gemeinnützigen und privaten Trägern. Eine Befragung der Hans-Böckler-Stiftung ergab folgendes Bild: »In meinem unmittelbaren Arbeitsumfeld sind durch digitale Technik…« [HBS-1, S. 39]

Träger	…Arbeitsplätze weggefallen	…Arbeitsplätze neu entstanden	…neue Aufgaben für bestehende Arbeitsplätze entstanden
Öffentlich	19 %	29 %	79 %
Gemeinnützig	14 %	17 %	72 %
Privat	28 %	18 %	72 %

Wie sich die Digitalentwicklung auf die Personalausstattung auswirkt, scheint auch davon abzuhängen, ob Kliniken in privater, öffentlicher oder gemeinnütziger Trägerschaft geführt werden. Bei Auswahl und Bewertung der neuen Techniken wird nur eine Minderheit der Beschäftigten einbezogen. Weniger als 30 Prozent der Befragten fühlen sich rechtzeitig und umfassend informiert, wenn es um digitale Neuerungen geht. Nur 12 % werden bei der Auswahl neuer Systeme gut beteiligt und nur 15 % fühlen sich gut informiert. [HBS-1, S. 49]

Schlussfolgerungen

Wie in allen Branchen der Industrie wird die Digitalisierung auch im Gesundheitswesen die Arbeit tiefgreifend verändern. Da hier die Technik unmittelbar auf den Menschen einwirkt, ist es die Aufgabe zivilgesellschaftlicher Organisationen wie Gewerkschaften, dafür zu sorgen, dass der Mensch ›tatsächlich im Mittelpunkt‹ steht. Unter den Vorzeichen der Privatisierung des Gesundheitswesens wird dies schwer möglich sein. Diese Privatisierung muss gestoppt und umgekehrt werden. Ein Schritt in diese Richtung ist ein sofortiges Verbot des Verkaufs städtischer Kliniken an private Träger sowie eine

Re-Kommunalisierung von privatisierten Einrichtungen. Damit einhergehen muss ein Stopp der Schließung von Krankenhäusern. Dass dies Geld kosten wird, ist klar. Daran wird kein Weg vorbeiführen, soll eine gute Daseinsvorsorge gewährleistet sein.

3.8
Die Digitalisierung der öffentlichen Verwaltung

Geschichte
Die öffentliche Verwaltung galt in Deutschland lange Zeit als der Bereich, in dem Informationstechnologien eher zögerlich eingeführt und in dem sie mit wenig Enthusiasmus aufgenommen wurden. Ein erstes eGovernment-Gesetz dümpelte mehrere Jahre in den Entscheidungsgremien vor sich hin, bevor es vom Bundestag im April 2013 verabschiedet wurde. Einzelne Bundesländer benötigten danach Jahre, bis sie entsprechende Ländergesetze beschlossen. In Baden-Württemberg trat ein solches am 1. Januar 2016 in Kraft.

Was kann die neue Technik?
Dienste für den Bürger | Die Homepage des Bundesinnenministeriums zeigt allerdings, dass der digitale Wandel in der öffentlichen Verwaltung in Schwung kommt. »Eine moderne öffentliche Verwaltung leistet einen wichtigen Beitrag für den wirschaftlichen Erfolg Deutschlands. eGovernment ermöglicht Bürgerinnen, Bürgern und Unternehmen den unkomplizierten und zeitlich unabhängigen Zugang zu den Leistungen des Staates. Der Gang zum Amt wird so in den meisten Fällen überflüssig. Darüber hinaus wird Verwaltungshandeln schneller und kostengünstiger.« [BMI-1]

Elektronische Rechnungsstellung | Seit November 2018 können die Unternehmen Rechnungen an Behörden und Einrichtungen der Bundesverwaltung auch in elektronischer Form stellen. Das hat die Bundesregierung Anfang September 2017 in einer entsprechenden Rechtsverordnung festgelegt.

Digitale Erklärungen | Das eGovernment-Gesetz sieht vor, die Arbeitsabläufe der Behörden durch die Nutzung digitaler Verfahren zu vereinfachen. Das Projekt ›Digitale Erklärungen‹ (Normenscreening) möchte in diesem Rahmen dazu anregen, »Alternativen zu bestehenden Schriftformerfordernissen« zu finden. Im Idealfall sollen zu strenge Formanforderungen komplett gestrichen werden. Ziel ist eine einfachere Kommunikation für alle Beteiligten. Dies dient der Bürgerfreundlichkeit und der Entlastung der Behörden gleichermaßen.

Elektronische Steuererklärung | Einer der Dienste, der offensichtlich gut funktioniert, ist die digitale Abwicklung von Einkommensteuererklärung über Elster (ELektronischeSTeuerERklärung). Seit der Einführung im Jahr 2011 haben sich ca. 20 Millionen Steuerpflichtige registriert. Ebenfalls gut genutzt wird das Formular-Management-System (FMS) der Bundesfinanzverwaltung. Hier können beliebige Formulare der Steuerverwaltung aus dem Internet heruntergeladen und über ein mitgeliefertes Programm digital ausgefüllt und als PDF-Datei abgespeichert werden.

Smart City | Smart City ist in erster Linie ein Marketingbegriff. Er wird sehr vielfältig verwendet und ist nicht eindeutig definiert. Er soll signalisieren, dass sich die Verwaltung einer Kommune um ihre Bürger*innen kümmert und intelligente Dienste für sie bereitstellt. Dies beginnt bei einfachen Angeboten wie Informationen über die Sprechzeiten von Behörden, Terminvereinbarungen über das Internet oder die Abfrage des Status eines Antrages. Weitergehende Angebote umfassen die komplette Erledigung von Anträgen, ohne dass eine persönliche Vorsprache notwendig ist. Ein viel gepriesenes Beispiel ist die An- oder Ummeldung eines Autos über das Internet. Auch Teile einer Dienstleistung können automatisch ablaufen, während Unterschriften in der Regel noch händisch zu erledigen sind. Die Stadt Karlsruhe stellt beispielsweise für die Beantragung von Pässen Geräte bereit, mit denen die biometrischen

Daten sowie Passfoto, Unterschrift und persönlichen Angaben automatisch erfasst und auch die Gebühren bargeldlos entrichtet werden. Um den Vorgang rechtswirksam zu machen, ist allerdings noch eine Unterschrift vor den Augen eines Beamten oder einer Beamtin zu leisten.

Unter dem Begriff Smart City werden auch Angebote zusammengefasst, die gar nicht von der Kommune selbst bereitgestellt, aber über städtische Internetseiten oder Portale verfügbar gemacht werden. Dazu zählt alles, was »die Lebensqualität für alle Bewohner erhöht und die Wettbewerbsfähigkeit der Stadt und der ansässigen Wirtschaft steigert« [Vogel-1]. Konkret gehören dazu Veranstaltungskalender, mobil abrufbare Hinweise über freie Parkplätze, Hinweise auf Sondertarife im Nahverkehr, Listen mit Anlaufstellen für gesundheitliche und soziale Fragestellungen oder Notsituationen. Selbst eine Abfallkalender-App, die Smartphone-Nutzern mitteilt, wann der individuelle Termin für die Abholung einer Mülltonne ansteht, zählt zu den gern erwähnten Smart-City-Angeboten.

Nutzung von behördlich erfassten Daten durch Firmen und Privatpersonen | Die in staatlichen Ämtern vorhandenen Daten, wie zum Beispiel Umweltdaten, Verkehrsdaten oder Geodaten (digitale Landkarten), sollen nicht nur für die Arbeit der Verwaltung genutzt werden, sondern auch durch Firmen und NGOs abrufbar sein.

Verbesserungen bei internen Verwaltungsabläufen | Ein weiteres Ziel der Digitalisierung sind die Verbesserung und Beschleunigung der Verwaltungsabläufe sowie die Verbesserung der Zusammenarbeit von Behörden. Die Informations- und Kommunikationstechnologie bietet viele Möglichkeiten, um die Tätigkeit der öffentlichen Verwaltung effektiver und effizienter zu gestalten. So ist die elektronische Kommunikation längst selbstverständlich. Schriftgut kann elektronisch verwaltet und Prozesse können elektronisch abgewickelt werden. Hinzu kommen neue Entwicklungen wie Bürgerportale, soziale Netzwerke oder Wikis. [Bundesregierung-1]

- Ein Kernelement der Digitalisierung der öffentlichen Verwaltung ist ›die elektronische Aktenführung‹ oder die Abschaffung der Papierakten. Eine digitalisierte Akte ist tatsächlich sinnvoll und nützlich.
- Die Überführung von Papier in digitale Dateien führt zu einer Auflösung riesiger Mengen von Aktenarchiven. Die dafür verbrauchten Flächen können anderweitig genutzt werden.
- Das schnellere Auffinden von Schriftstücken und die Bereitstellung an einem Rechner unabhängig von Ort und Zeit der Bearbeitung tragen dazu bei, dass Abläufe beschleunigt werden und Bescheide deutlich schneller erfolgen.
- Durch die Digitalisierung von Dokumenten können diese leicht an andere Behörden weitergeleitet werden. Eine gemeinsame Nutzung und Auswertung von Dokumenten wird möglich. Wenn Dokumente in bearbeitbarer Form vorliegen, muss gewährleistet werden, dass immer klar ist, was Original und was Kopie ist. Dies geschieht durch die Ablage der Dokumente in Datenbanken von Dokumentenmanagement-Systemen. In diesem Fall werden jeweils nur Verweise (Links) auf ein Dokument versendet.
- Schriftstücke können in beliebiger Weise miteinander in Beziehung gebracht werden, um komplexe Vorgänge transparent zu machen.
- Die Digitalisierung erlaubt eine automatische Dokumentenlenkung. In Verwaltungsabläufen werden die digitalen Dokumente von den einen Sachbearbeiter*innen automatisch zu anderen, die ebenfalls an einem Verwaltungsfall arbeiten, übermittelt.

Solche Systeme reduzieren den Aufwand bei der Bearbeitung beträchtlich. Grundsätzlich könnten sie dazu beitragen, die Arbeitsbelastung für die Beschäftigten zu senken. In vielen Fällen stehen allerdings lediglich Rationalisierungsaspekte im Vordergrund und damit die Absenkung der Stellenzahl.

Einen weiteren Vorteil sehen die Befürworter in der Beschleunigung und Vereinfachung von Verwaltungsleistungen durch die Ein-

führung eines ›föderalen Informationsmanagements‹. Es dient als
Grundlage für

- länderübergreifende interne Behörden-Zugriffe,
- eGovernment-Anwendungen und für den Verwaltungsvollzug,
- standardisierte Formulare und Prozessvorgaben im Verwaltungsvollzug,
- die Bereitstellung von Bürgerinformationen per Behördenhome-
pages. [BMI-2]

Zögerliche Akzeptanz bei den Bürgerinnen und Bürgern | Bei
den Bürgerinnen und Bürgern scheint das eGovernment-Angebot
bislang noch nicht so sehr anzukommen. Dies legt zumindest eine
Studie nahe, die 2018 unter Mitwirkung des ›Beauftragten der Bundesregierung für Informationstechnik‹ durchgeführt wurde. [I-D21]
Zwar haben 2018 55 % der Bevölkerung in Deutschland schon einmal eGovernment-Dienste genutzt, aber die ohnehin seltene Nutzung ist gegenüber 2012 rückläufig.

Ein Grund für die zögerliche Nutzung von eGovernmant-Diensten
ist ein großes Misstrauen gegenüber dem Staat. Folgende Punkte werden dabei genannt: [I-D21, S. 21]:

- Mangelnde Informationen darüber, was mit meinen Daten pas-
siert
- Angst vor Datendiebstahl,
- Mangelnde Sicherheit bei der Datenübertragung
- Befürchtungen im Hinblick auf »gläserner Bürger«
- Mangelnde Sorgfalt im Umgang mit den Daten seitens der Be-
hörden.

Wer treibt

Die Treiber einer ›schlanken Verwaltung‹ findet man in den Re-
gierungen von Bund, Ländern und Kommunen, den Spitzen der
Verwaltungen, den Wirtschaftsverbänden und bei Beratern und
Unternehmen, die mit Organisations- und Prozessverbesserung
Geld verdienen. Aber auch in den neoliberal orientierten Parteien

findet man die Treiber für die Reduzierung von Mitarbeiter*innen in den öffentlichen Verwaltungen. So fordert die FDP Helmstedt beispielsweise: »Die heutigen Kommunikationstechniken bieten große Chancen, Verwaltungsabläufe einfacher, schneller, effizienter, wirksamer und damit bürgerfreundlicher zu machen. Die Online-Dienstleistungen sind mit diesem Ziel weiter auszubauen. Dadurch können Mobilitätsprobleme in einem Flächenlandkreis wie dem unseren reduziert und teilweise kompensiert und Kosten gespart werden.« [FDP-1] Auch der Thüringer Wirtschaftsrat der CDU fordert im November 2018 einen massiven Stellenabbau in der Landesverwaltung.

Wer verliert

Laut einer Untersuchung des DGB beeinflusst die Digitalisierung den Arbeitsalltag im öffentlichen Dienst gravierender als in Unternehmen. 69 % der Beschäftigten sind nach einer Selbsteinschätzung in sehr hohem oder hohem Maße betroffen. Die Befragung fand im Rahmen der Kampagne ›Gute Arbeit‹ statt und erbrachte, dass die Beschäftigten im öffentlichen Dienst eher eine Mehrbelastung nach der Einführung von IT-Techniken empfinden. Knapp die Hälfte der Befragten fühlt sich der digitalen Technik ausgeliefert. Folgende negativen Folgen der Digitalisierung werden genannt:

- Eine höhere Arbeitsbelastung,
- mehr Hetze und Zeitdruck,
- mehr Überwachung und Kontrolle,
- fehleranfällige Systeme.

Die Verärgerung vieler Beschäftigter erklärt Karsten Schneider, Leiter der Abteilung Öffentlicher Dienst und Beamtenpolitik beim DGB-Bundesvorstand, so: »Unsere Kolleginnen und Kollegen wollen nicht mitgenommen werden, sie wollen mitgestalten«. Die Beteiligung der Beschäftigten scheint bei der Digitalisierung in den Behörden eines der großen Probleme zu sein. Auch ver.di kritisiert dies heftig. In ihrem Magazin *Menschen machen Medien* wird über ein Jobcenter berichtet, das auf elektronische Aktenführung umgestellt

werden soll. Der Personalrat beschwert sich, weil er an der Prozess-
entwicklung nicht beteiligt wird, da dies »angeblich nicht der Mitbestimmung unterliegt«. [VERDI-1] Um Ihre Jobs fürchten, müssen
die Beschäftigten im öffentlichen Dienst nicht, aber die Digitalisierung wird auch dort genutzt, um Stellen abzubauen. Auch hier bringt
das ver.di-Magazin ein Beispiel. »Im Bremer Gesamthafen wird seit
Jahren automatisiert. Bei gleichzeitiger Arbeitsverdichtung gehen
viele Arbeitsplätze verloren.«

Schlussfolgerungen
Aus Sicht der Bevölkerung sind eine höhere Effizienz und Effekti-
vität von Behörden wünschenswert. Auch für eintönige, belasten-
de Arbeiten können und sollten die Möglichkeiten der IT genutzt
werden, um die Zufriedenheit bei den Beschäftigten in den Verwaltungen zu verbessern. Derzeit braucht es im öffentlichen Sektor vor
allem eine umfangreiche Aus- und Weiterbildungsinitiative auf allen
Ebenen, sowie eine Standardisierung von technischen Systemen und
organisatorischen Abläufen zwischen den einzelnen Behörden und
Bundesländern bzw. den Bundesländern und Bundesbehörden. Dabei müssen sich die Beschäftigten sowie ihre Interessenvertretungen
und Gewerkschaften in jeder Phase der Digitalisierungsmaßnahmen
einschalten. Notwendig ist aber auch eine gesellschaftliche Diskussion über die Aufgaben von Behörden und die Form, wie diese in
Zukunft arbeiten sollen.

3.9
Die Digitalisierung der Landwirtschaft

Was kann die neue Technik | Die Drohne über dem Acker ist nur
eines der Systeme, mit denen die industrielle Landwirtschaft vorangetrieben wird. Der vom Landmaschinenhersteller Claas genannte
Nutzen, nämlich das Rehkitz, das vor einem Mähdrescher gerettet
werden soll [Wildretter-1], ist dabei allerdings vor allem ein Mar-
ketinggimmick. Von Bedeutung ist der Einsatz von Drohnen beim

Ausbringen von Düngemitteln und Herbiziden, um pflanzliche und tierische Schädlinge sehr gezielt zu bekämpfen. Mit Wärmebild-Kameras kann der Landwirt krankheitsbedingte Veränderungen im Bestand schon in einem frühen Stadium erkennen. Wachsen die Pflanzen auf einem Feld unterschiedlich schnell, können Dünge- oder Pflanzenschutzmittel gezielt eingesetzt werden. Dies sei ein wichtiger Beitrag zur Erhöhung der Erträge und außerdem zur Verringerung von umweltproblematischen Pestiziden, versprechen die Anbieter dieser Systeme in ihren Werbebroschüren. Sie kommen aber auch in anderen Bereichen der Nahrungsmittelerzeugung zum Einsatz, wie die Studie »Blocking the Chain« [Moony-1] darstellt. Australische Viehzüchter*innen experimentieren damit, Tiere mit Drohnen zusammenzutreiben. Sie verfolgen und lokalisieren Fischschwärme, während auf Palmölplantagen in Malaysia und Indonesien Flugdrohnen verwendet werden, um wahlweise den Fortschritt von Rodungen, Schädlingsbefall oder Arbeiter*innen zu überwachen. [Moony-1] Das alles ist auch durch Satelliten möglich; Drohnen sind aber flexibler und vor allem billiger.

Die Digitalisierung findet nicht nur im Freiland statt, sondern in allen Bereichen der Pflanzenproduktion. Das vollautomatische Gewächshaus erlaubt es bei der Sonderkultur Salat, die Salatsetzlinge automatisch auszupflanzen, sie bei optimaler Temperatur und Luftfeuchtigkeit zu bewässern und sogenannte Unkräuter ebenfalls automatisch zu beseitigen. Auch die Ernte erfolgt durch automatische Geräte. Die absolut gleichen Bedingungen in der Aufzucht der Salatpflanzen gewährleisten, dass Aussehen, Größe und Gewicht der Salatköpfe fast identisch sind. Dies sind wiederum die Qualitätsmerkmale der Supermarktketten und vieler Verbraucher.

Was für die Pflanzenproduktion gilt, gilt auch für die Tierzucht und die Produktion von Milch, Eiern und anderen tierischen Produkten. Komplett automatisierte Systeme wie intelligente Melkroboter und sensorgestützte Fütterungsautomaten sind bereits weit verbreitet. In den digitalisierten Ställen werden zusätzlich tierspezifische Daten über das Fressen und die Bewegungen der Tiere auto-

matisch erfasst und gespeichert. Auch hier wird von den Marke-
tingabteilungen der Anbieter als einer der wichtigsten Faktoren das
›Tierwohl‹ genannt. Das Lob für die Technik geht hier teilweise in
eine irrationale und absurde Schwärmerei über. »Melkroboter über-
zeugen vor allem auch ob der großen Zufriedenheit der Tiere beim
selbstbestimmten Vorgang des Sich-melken-Lassens.« [Media-
Planet-1]

Landwirtschaftsroboter | Die Digitalisierung der Landwirtschaft
ist nicht allein ein Ergebnis von IT-Technik. Sie ist, wie in anderen
Branchen auch, immer eine Kombination von IT mit Gerätetechnik,
Sensorik, einem schnellen Internet und neuen Geschäftsmodellen.
Dabei spielt die Zusammenarbeit von Landmaschinenherstellern
und Saatgut- und Düngemittelkonzernen eine immer größere Rolle.
Bayer steigt sogar selbst in den Maschinenbau ein und unterhält ein
eigenes Entwicklungszentrum für Pflanzroboter. Der Konzern be-
schreibt dies auf seiner Homepage: »Meter für Meter arbeitet sich
die Metall-Krabbe durch die Maisstauden. Vollgestopft mit Kame-
ras und Sensoren scannt der kleine elektronische Erntehelfer seine
Umgebung – Erdhaufen und Pflanzenstängel umgeht er geschickt.«
Säen, düngen, pflanzen, Herbizide ausbringen oder Früchte ernten:
Dutzende dieser kleinen aber ›intelligenten‹ Erntemaschinen wären
in der Lage, ein Feld vollkommen selbstständig zu bearbeiten. »Die
Landwirtschaft bietet noch großes Potenzial für die Automatisie-
rung«, sagt Peter Dahmen, Mitglied der Bayer-Forschungsabteilung
Crop Science. [BAYER-1]

Swarm Farming | War der Einsatz von Hochleistungsmaschinen
in der Landwirtschaft in der Vergangenheit abhängig von großen
Anbauflächen und Ställen, zeichnet sich neuerdings ein Richtungs-
wechsel ab. Die Entwickler und Hersteller von landwirtschaftlichen
Geräten bieten heute nicht nur riesige Mähdrescher, sondern auch
kleine Varianten für ganz spezielle Aufgaben. Sie ziehen damit die
Konsequenzen aus den Nachteilen der Großtechnik. Bleibt zum Bei-

spiel einer der riesigen Mähdrescher wegen eines Defekts liegen, stoppt die Ernte, bis ein Ersatzgerät oder das erforderliche Ersatzteil zum Einsatzort gebracht ist. Große Mähdrescher sind außerdem sehr schwer zu manövrieren und belasten durch ihr hohes Gewicht die Böden. Durch Digitaltechnik wird es möglich, statt des großen Systems eine Reihe kleinerer baugleicher Systeme einzusetzen. Hier läuft beim Ausfall eines der kleineren Mähdrescher die Ernte zwar etwas langsamer, aber trotzdem erfolgreich weiter. Die Steuerung solcher Flotten von kleineren Mähdreschern erfolgt über cloud-gestützte Software und wird als ›swarm farming‹ (Schwarm-Landwirtschaft) bezeichnet. Auch hier ist Bayer wieder ganz vorne dabei. Auf der Homepage des Bayer-Geschäftsbereichs Crop Science lässt der Konzern den Ingenieur David Dorhout aus Des Moines, Iowa für den Wechsel von Großmaschinen zu einer Flotte kleinerer Maschinen schwärmen: »Man kann die immer größer werdenden Landmaschinen der Gegenwart zum Beispiel auch in Tausende kleine aufspalten.« Deshalb hat er den sechsbeinigen Agrarroboter ›Prospero‹ erfunden. Der autonome Mikropflanzer ist nur etwas größer als ein Basketball und leistet trotzdem Erstaunliches. Mit seinen Aluminiumbeinchen spaziert er mühelos über jede Ackerfläche. Findet er eine freie Fläche, bohrt der Sechsbeiner ein Loch in den Boden und pflanzt einen Samen. Anschließend wandert er weiter. [Bayer-1]

Precision Farming | Ein weiterer Aspekt der Digitalisierung in der Landwirtschaft sind die Erfassung von Daten und deren Zusammenführung sowie die aus den Daten abgeleiteten Maßnahmen. Für die Datenerfassung sind wie in anderen Bereichen Sensoren erforderlich. Solche Sensoren werden im Boden, über dem Boden oder auch durch mit Sensoren bestückte Drohnen erfasst. Diese Daten werden per Datenfunk an eine Zentrale übermittelt und dort ausgewertet. Relevant sind Bodenfeuchtigkeit, Bodentemperatur, Luftfeuchtigkeit, Lufttemperatur sowie die zeitliche Änderung dieser Werte. Sie lassen sich nutzen, um die Bewässerung der Kulturen und den Einsatz von Düngemitteln zu steuern, insbesondere wenn diese Daten mit meteorologischen Daten abgeglichen werden. »Gedüngt und bewässert wird genau nach Bedarf und Unkraut wird nur dort bekämpft, wo es tatsächlich wächst – so die Vision einer grundlegend veränderten Landwirtschaft. Diese ›Precision Farming‹ genannte Vorgehensweise verspricht geringere ökologische Belastungen, Kosteneinsparungen, stabilere Erträge und höhere Gewinne«, jubelt die Universität Hohenheim. [Uni Hohenheim-1]

Basis für das Sammeln, Zusammenführen und Auswerten von Daten sind leistungsfähige Datenbanksysteme, sogenannte Big Data Plattformen. Dort laufen die Daten nicht nur über vertikale Stränge, also von der Aussaat, Pflege Ernte, Verkauf, Transport bis zu der Nachfrage der Supermarktketten zusammen, sondern auch auf horizontalen Ebenen. Gemeint ist damit die Zusammenarbeit von Herstellern von Traktoren, Handelsketten, Saatgut- und Düngemittelproduzenten bis hin zu Banken, die Bauern Kredite genehmigen oder eben auch verweigern. Das Los der Kleinbauern spielt offensichtlich keine Rolle.

Wer treibt und wer profitiert

Die Begeisterung über die Möglichkeiten einer Automatisierung und Verwissenschaftlichung in der Landwirtschaft ist groß. »Es herrscht Goldrausch-Stimmung bei den großen Agrar- und Digitalkonzernen: Datensammeln soll das neue große Geschäft in der globalen Landwirtschaft werden«, heißt es im Newsletter der globalisierungskritischen Bewegung Inkota vom Oktober 2018. [Inkota-1]

Der Deutsche Bauernverband sieht in der Digitalisierung der Landwirtschaft ebenfalls große Chancen und will die kritische öffentliche Diskussion über moderne und nachhaltige Landwirtschaft versachlichen. Hightech helfe dabei, noch präziser zu wissen, was die Pflanzen an Nährstoffen und Pflanzenbehandlungsmitteln benötigen, und was die Tiere für ihre bestmögliche Gesundheit und zu ihrem Wohlbefinden bräuchten. Dabei sei die Landwirtschaft 4.0 nicht von der Größe der Betriebe abhängig. Durch Maschinenringe,

Lohnunternehmen und andere Formen der Zusammenarbeit seien grundsätzlich alle Betriebe in der Lage, Nutzen aus der neuen Technikentwicklung zu ziehen und damit schnell ökonomische, soziale und ökologische Fortschritte zu erzielen. Der Verband fordert grundlegende radikale digitale Integrations- und Innovationsfortschritte. Dazu gehörten Gigabit-Geschwindigkeiten auf der Fläche und im Stall. Außerdem wird die staatliche Bereitstellung agrarmeteorologischer Informationen, kostenfreier Satellitendienste und Zugriff auf öffentliche Geo-Daten für eine Hightech-Präzisionslandwirtschaft gefordert. [DBV-1], [BBV-1]

Große Profite versprechen sich die gesamte Lieferkette im Nahrungsmittelsektor vom Erzeuger über den Handel bis zu den Supermärkten sowie alle, die als Zulieferer mitwirken. Die Erzeuger der Lebensmittel werden dabei weltweit allerdings immer abhängiger von den großen Saatgut- und Agrarchemieunternehmen. Die vier größten sitzen in den USA, Deutschland und China und heißen Bayer-Monsanto, BASF (beide Deutschland), ChemChina-Syngenta (China), DowDupont (USA). Sie arbeiten zunehmend mit den Herstellern von Landmaschinen zusammen, über die sie ihre Produkte auf dem Acker oder im Gewächshaus ausbringen. Mit der Übernahme von Blue River Technology[5] im Jahr 2017 spielt der Landmaschinenhersteller John Deere ganz vorn in der Hightech-Welt der Landwirtschaft mit. Im selben Jahr hat AGCO Precision Planting von Climate Corporation[6] gekauft und Datenabkommen mit ihr angekündigt. Deere und AGCO arbeiten mit BASF, Bayer-Monsanto und DowDupont an der Digitalisierung der Landwirtschaft. [Wiggerthale-1]

---

5   Blue River Technology ist ein kalifornisches Start-up-Unternehmen für Bilderkennungssysteme, Robotertechnologie und »lernende Maschinen«, die Pflanzen identifizieren und punktuell Maßnahmen durchführen.

6   Precision Planting von Climate Corporation war eine Tochter von Monsanto und entwickelte Geräte für das Pflanzen und Ernten sowie Software zur Analyse von Daten, die bei der Aufzucht und Pflege von Pflanzen von Bedeutung sind.

Wer verliert

Das am häufigsten benutzte Argument aus Politik und Wirtschaft für eine forcierte Industrialisierung der Landwirtschaft ist die ›Sicherstellung der Ernährung für die Weltbevölkerung‹. Dies ist vordergründig nachvollziehbar, denn rund 821 Millionen Menschen, also 10 % der Menschheit, hungern. Marita Wiggerthale von OXFAM widerspricht trotzdem. »Angesichts der enormen Marktmacht der Agrarkonzerne ist nicht zu erwarten, dass die Digitalisierung die Machtverhältnisse in der Lieferkette zugunsten von (klein-)bäuerlichen Betrieben ändern wird. Es gibt aktuell keine Anzeichen dafür, dass die Digitalisierung zu einer Abkehr von der industriellen Landwirtschaft führt. Es geht vielmehr um eine Optimierung des bestehenden industriellen Agrarmodells.« [Wiggerthale-1]

Widerspruch kommt auch vom entwicklungspolitischen Netzwerk Inkota: »Die Kleinbauern, die weltweit von der Landwirtschaft und Fischerei leben, werden die Hauptverlierer der Digitalisierung in der Landwirtschaft sein. Für lohnabhängig Beschäftigte in Landwirtschaft und Nahrungsmittelindustrie bedeutet die Digitalisierung Jobverluste und mehr Überwachung und Kontrolle. Solange die neuen Big-Data-Plattformen in den Händen einiger weniger Konzerne liegen, werden sie nicht zum Wohle der Allgemeinheit wirken. Ernährungssouveränität kann nur erreicht werden, wenn digitale Technologien, die Sammlung und die Auswertung von Daten demokratisch kontrolliert werden. Deshalb müssen die Konzerne künftig strenger reguliert werden.« [Inkota-2]

Schlussfolgerung

Neben dem weltweiten Verlust von Millionen Arbeitsplätzen geht das oft Jahrhunderte alte Wissen über Pflanzen, Tiere, Ernährungsmöglichkeiten, Heilung von Krankheiten verloren. Der Verlust der bäuerlich geprägten Landwirtschaft, vor allem in den Ländern des Südens, führt schon seit Jahren zu riesigen Migrationsbewegungen von den Dörfern in die Megastädte und über nationale Grenzen hinweg. Einher geht ein Verlust an Kultur und regionalen Eigen- und

Gepflogenheiten und damit eine Entwurzelung von Menschen. Die Hauptlasten tragen also die Menschen in den Ländern Lateinamerikas, Asiens und Afrika. Sie haben oftmals außer ihrem traditionellen Wissen über die Landwirtschaft kaum Technologiewissen und noch nicht einmal guten Zugang zu Bildung, um sich solches Wissen anzueignen.

3.10
Die Digitalisierung des Einzelhandels

Amazon – der Platzhirsch | Das Internet macht es möglich, dass heute von der Couch aus eingekauft werden kann.

Am weitesten vorangetrieben hat dies Amazon. Das Unternehmen hat in den knapp 25 Jahren seines Bestehens dazu beigetragen, das Einkaufsverhalten massiv zu verändern. 1994 begann es mit dem Online-Vertrieb von Büchern und stieg in der Folgezeit mit der Vermarktung nahezu aller Waren zu einem Imperium auf. In der Liste der wertvollsten Unternehmen steht Amazon auf Platz 4. Derzeit greift es nach der Lebensmittelbranche. Noch ist dieser Bereich mit 0,05 % Markanteil ein verschwindend kleiner Teil des Amazon-Geschäfts, verglichen mit 16 % bei Sport & Freizeit und Spielwaren. Der Bereich Computer und Elektronik erreicht ebenfalls 16 %. Bei Büchern sind es sogar fast 20 %. [statista-6] Wie sich Amazon die Änderungen beim Kauf von Lebensmitteln durch Digitalisierung vorstellt, verdeutlicht Ralf Kleber, Geschäftsführer von Amazon Deutschland in einem kurzen Youtube-Video: [Amazon-1] »Dem Kunden wird eines beim Einkauf wichtig sein: Preis, Auswahl, Verfügbarkeit und nochmals Verfügbarkeit. Das heißt, kein Kunde will auf sein Produkt warten. Durch Innovation machen wir alles, was jetzt schon besteht, einfacher schneller und bequemer.« Und er fährt fort: »… beim Einkaufen am Samstag: Sie wissen, gleich wird's stressig in der Kassenschlange. Die Zukunft sieht anders aus: keine Kasse, keine Schlange, sie gehen einfach raus und der Einkauf bezahlt sich wie von selbst. Oder nehmen sie die Lieferung per Drohne … keine Angst, einfach mitmachen, … es lohnt sich … weniger Zeit in der Kassenschlange heißt mehr Zeit für die Familie und Hobbys.« Dass es sich bei dem im Video gezeigten Szenario nicht um eine ferne Zukunftsvision handelt, hat das Unternehmen bereits bewiesen. Mit ›Amazon Go‹ hat es Ende 2016 in Seattle einen Supermarkt eröffnet, der ohne Kassenbereich auskommt. Bezahlt wird durch automatische Abbuchung vom Konto. Anfangs war es nur für Amazon-Mitarbeiter*innen zugänglich, seit 2018 aber auch für normale Kund*innen.

Zalando – die Idee aus der Studenten-Bude? | Ein weiterer der ganz Großen im deutschsprachigen Online-Handel ist Zalando. Nach Amazon und Otto folgt er bereits auf Platz 3. Über die Gründung von Zalando wird im Internet eine rührselige Story erzählt. Sie handelt von zwei Studenten, Robert Gentz und David Schneider, die in Koblenz zufällig in derselben Bude wohnten und nach dem Studium in die Welt zogen, um ›etwas Großes‹ zu tun. In Mexiko, Chile und Argentinien gründeten sie Firmen. Das ging aber daneben, und irgendwann hatten die beiden nicht mal mehr Geld für den Heimflug. Und da sie nicht ihre Mamas anrufen wollten, meldeten sie sich in Berlin bei Oliver Samwer, den sie von ihrer Uni kannten. Der erbarmte sich und holte sie heim. Dann saßen die beiden Freunde mal wieder auf dem Sofa und David sagte angeblich: »Lass uns Schuhe verkaufen übers Internet«. »Schuhe? Warum Schuhe?«. »Das braucht doch jeder. Vor allem jede Frau.« Und wieder half der Freund Oliver Samwer, dieses Mal mit 50.000 € Startkapital. Solche Märchen sind Teil der Plattformideologie und sollen beweisen, dass es die Story von zwei armen Studenten, die zu Millionären werden, doch noch gibt – ähnlich wie die Legenden über Bill Gates (Microsoft) oder Steve Jobs (Apple). Doch so ganz stimmen die Märchen halt doch nicht, denn Oliver Samwer stammt aus einer der reichsten Familien Deutschlands, und die Hochschule, auf der die drei sich trafen, war die private und teure Elitehochschule »Otto Beisheim School of Management«. Heute heißt der Internet-Schuhladen von Gentz und Schneider Zalando. Er machte 2017 einen Jahresumsatz von 4,5 Milliarden Euro.

Ähnlich wie beim großen Bruder Amazon gibt es für die Zalando-Mitarbeiter*innen wenig Geld und noch weniger Rechte. Derzeit verdienen Mitarbeiter in den Versandzentren laut Zalando zwischen 9,43 Euro und 9,87 Euro in der Stunde. Und erst nach langen Kämpfen gelang es den Beschäftigten, Betriebsräte zu gründen. Diese wurden durch die Umwandlung der Gesellschaftsform von einer AG in eine SE (Societas Europaea) in ihren Rechten auch noch beschnitten. SE geben Betriebsräten nämlich nur ein Anhörungsrecht, aber keine Vetorechte, wie es ansonsten Betriebsräte zum Beispiel in Bezug auf Überstunden haben.

Die Sprinterflotte der Internet-Einzelhändler | Das Geschäftsmodell ›digitaler Einzelhandel‹ ist ein Lehrbeispiel dafür, wie die Änderungen in einer Branche nicht nur dort Regeln, Tarife und Gepflogenheiten grundsätzlich verändern, sondern auch andere mitreißen und bei ihnen ebenfalls durchgreifende Änderungen bewirken.

Der über das Internet eingeleitete Anstieg in der Warenlogistik führte dazu, dass sich Transporte zum Kunden in den letzten Jahren grundlegend geändert haben. Die Zahl der Pakete und Päckchen, die in Deutschland tagtäglich zum Kunden gebracht werden, steigt seit ca. 2010 kontinuierlich an. Waren es 2010 noch ca. 2,2 Milliarden Sendungen, stieg die Zahl auf 2,5 Milliarden im Jahr 2015 und auf 3,3 Milliarden in Jahr 2018. Für 2020 wird die Zahl 4,3 Milliarden genannt. [FAZ-6] Die Zahl an LKW und kleineren Lieferfahrzeugen und damit der Verkehr haben sich durch diese Paketflut merklich erhöht. Im Logistikgewerbe und bei den LKW-Herstellern entstanden dabei zusätzliche Gewinne und auch ein paar neue Arbeitsplätze. Auf die Beschaffenheit dieser Arbeitsplätze wird weiter unten noch eingegangen.

Die traditionelle Verteilung von Handel und Logistik wird durch Akteure wie Amazon neuerdings aber aufgekündigt und zu einem eigenen Geschäftsfeld aufgebaut. »Amazon hat nicht nur den deutschen Handel das Fürchten gelehrt. Auch gestandene Logistikkonzerne wie die Deutsche Post sehen nun angesichts des Expansionsdrangs des US-Konzerns ihre etablierten Geschäftsmodelle ins

Wanken geraten«, so das *Handelsblatt* im Juni 2018. [HB-4] Wie das
läuft, zeigt Amazon mit dem Aufbau einer eigenen Lieferflotte. Der
Online-Marktplatz Amazon hat 20.000 Mercedes Sprinter bestellt.
Das Online-Magazin *t3n* kommentiert dies mit »Amazon überrollt
mit 20.000 Lieferfahrzeugen die Paketdienste.« [T3N-2]

Partnersuche – Die Lizenz zum Gelddrucken | Gehandelt wird im
Internet mit nahezu allem, womit sich Profit machen lässt. Dazu gehört auch die Partnersuche. Dies war in der Zeit vor dem Internet
eher eine diskrete Sache von Kleinanzeigen oder wenigen Agenturen
und mit geringem volkswirtschaftlichen Anteil. Die ersten Internet-
portale für die Partnervermittlung, auch Dating-Portale oder Single-
Börsen genannt, kamen mit unterschiedlichen Ausrichtungen schon,
als es mit der privaten Nutzung des Internets überhaupt losging.
Die bekanntesten sind »Parship«, »ElitePartner«, »LemonSwan«
und »Love Scout24«. 2016 kaufte der Medienkonzern Pro7Sat1 die
Dating-Portale »Parship« und »ElitePartner« für jeweils 100 Millionen Euro, [MM-2] und die Geschäfte scheinen sich zu rentieren. Laut
Handelsblatt blieb 2017 im Geschäft mit der Partnersuche ein Plus
vor Steuern von 40 Millionen Euro. [HB-5] Neben den Gebühren, die
Singles an die Eigentümer der Portale überweisen, bezahlen sie zusätzlich mit ihren Daten, und mit denen lässt sich für einen Konzern
wie Pro7Sat1 in Zusammenhang mit anderen Geschäftszweigen vermutlich noch mehr Geld verdienen. Dem aus dem Kirch-Medienim-
perium entstandenen Pro7Sat1 gehören laut Wikipedia über mehrere
Ebenen circa 60 Tochtergesellschaften. [Wikipedia-2]

Vergleichsportale: Schwindler oder Wohltäter? | »Bildschirm,
Bildschirm an der Wand, wer ist der Billigste im Land?«, fragen die
Vergleichsportale und liefern auch gleich die Antwort. »T-XYZ dort
hinten an der B4 ist die billigste aller hier.« Die Vergleichsportale
vergleichen Versicherungs-, Energie- und Handy-Tarife, Banken,
Kreditkarten-Anbieter, Hotels, Reisen und mehr. Die Größten sind
Check24 und Verivox. Doch wie verdienen diese Portale Geld?

Die laufenden Kosten eines Vergleichsportals beziehen sich vor allem auf den Betrieb der Internetseite und die Generierung von Besuchern auf der Seite. Vergleichsportale schalten dazu Anzeigen bei Google, in sozialen Netzwerken und im Fernsehen, um den Endkunden auf ihren Service aufmerksam zu machen. Sie bezeichnen sich selbst als faire und neutrale Vermittler zwischen Anbieter*innen und Konsument*innen. Dies ist eine mehr als fragwürdige Aussage. Ihre Kosten decken sie nämlich mit Vermittlungsprovisionen, die sie von dem Anbieter der jeweiligen Leistung oder Ware erhalten. Das scheint sich zu rentieren. Verivox gehört seit 2015 zu Pro7Sat1. Der Medienkonzern zahlte 2015 210 Millionen Euro für das Portal. [FN-1]

Wer treibt und wer profitiert
Der Internethandel wird von all denen vorangetrieben, die sich im Handel hohe Profite versprechen. Dies lässt sich nicht nur am Verkauf von Waren ablesen, sondern ebenso gut an den Portalen für Partnersuche oder an den Vergleichsportalen im Internet. Steckte hinter solchen Portalen vielleicht ursprünglich die Idee eines einsamen Computer-Nerds, so haben sich diese Zeiten längst geändert. Alles, was von Einzelpersonen in Richtung Sharing, Networking einmal als Idee mit sozialem Hintergrund entstand, wird von einer profitorientierten Wirtschaft adaptiert oder aufgekauft. Die Erfinder erhalten in den meisten Fällen zwar eine auskömmliche Summe Geld, verglichen mit den Profiten, die dann gemacht werden, sind sie eher bescheiden. Die Unternehmen, die in das Geschäft einsteigen, gehören zu den ganz großen Kapitalisten. Ein typisches Beispiel ist das Portal Scout24. Das 1998 gegründete Immobilienportal geriet ins Visier von Finanzinvestoren. »Unter den Interessenten an Scout24 sei auch die US-Beteiligungsgesellschaft Silver Lake, der bereits ein Immobilienportal in Großbritannien gehört, berichtete die *Financial Times*. Ein Verkauf dürfte mehr als fünf Milliarden Euro schwer werden. An der Börse war Scout24 am Freitag nach einem Kurssprung mehr als vier Milliarden Euro wert«, so die *Süddeutsche Zeitung*. [SDZ-1]

Wer verliert

Zu den Verlierern gehören unmittelbar die Beschäftigten, die bei Amazon, Zalando oder anderen vergleichbaren Unternehmen arbeiten. Die Internetfirmen rühmen sich zwar, dass sie Arbeitsplätze schaffen. Dies ist angesichts der Schaffung neuer Logistikzentren, durch neue Lieferantenflotten oder im Bereich von Software, Service und Werbung durchaus auch nachvollziehbar. Wie viele Jobs an anderer Stelle durch den Knockout von Wettbewerbern wegfallen, ist bislang wenig erforscht. Die Homepage ›amazon Watchblog‹ zitiert im September 2018 allerdings eine Studie von Yahoo Finance, nach der in den USA 30.000 Stellen in Warenhäusern weggebrochen seien. Der Aufbau einer eigenen Lieferflotte wird bei Amazon Jobs für Fahrer schaffen und solche bei der Post wegfallen lassen. Was die Arbeitsbedingungen betrifft, zeigen Recherchen ein ganz negatives Bild. Selbst das *Handelsblatt* [HB-1] berichtet, dass sich Amazon standhaft weigert, einen Tarifvertrag mit der Gewerkschaft ver.di abzuschließen. Auf ihrer Homepage schreibt die Gewerkschaft: »Amazon ist der Lohndrücker der Branche, denn während Otto und andere faire Löhne nach Tarif bezahlen, hält man bei Amazon scheinbar wenig von gerechter Bezahlung. Während nach Tarif für den Großteil der Lager-Arbeiten im Versandhandel zwischen 11,47 € und 11,94 € Einstiegsgehalt per Stunde gezahlt wird, schickt Amazon seine Mitarbeiter mit einem Gehalt von 9,65 € bis 11,12 € nach Hause.« [VERDI-1]

Zu den Verlierern zählen auch die Mitarbeiter*innen in den Logistikunternehmen, die die wachsende Flut von Päckchen zum Kunden bringen. Dort entstanden wohl tausende neue Jobs bei DHL, DPD, Hermes und GLS sowie deren Subunternehmen, aber es sind eben die Jobs, die keinen auskömmlichen Verdienst mit sich bringen und erst recht keine Rente ohne Armut. »Von solchen Löhnen kann man kaum leben«, räumte die *Frankfurter Allgemeine Sonntagszeitung* im Herbst 2018 ein. Unter der Überschrift »Paketboten am Limit« beschreibt das wirtschaftsfreundliche Blatt den knochenharten Alltag der Paketzusteller. »Bei Wind und Wetter müssen die Fahrer ran. Frühmorgens beladen sie erst mal ihre Lieferwagen.

Dann geht es raus. An manchen Tagen laufen sie 20 km treppauf und
treppab. Und bis alle Pakete und Päckchen ausgeliefert sind, werden
Überstunden fällig. Und der Bruttolohn fällt unter den Mindest-
lohn«. [FAZ-6] Dies liegt daran, dass selbst Firmen, die, wie DHL,
eigentlich tarifgebunden sind, die Auslieferung immer häufiger an
Sub- und Subsub-Unternehmen ausgliedern. Die Subunternehmer
werden von DHL pro ausgeliefertem Paket bezahlt und tragen das
Risiko von Personalausfall und Rückläufern selbst. Diesen Kosten-
druck reichen sie direkt an ihre Fahrer weiter.»Die Zusteller, immer
mehr kommen aus Osteuropa, nehmen diese Zustände oftmals einfach hin. Sie kennen ihre Rechte kaum oder trauen sich nicht, diese
einzufordern.« [DGB-1] Weitere Verlierer sind die Kommunen, die
mit einer immer stärkeren Verödung ihrer Innenstädte zu kämpfen
haben. Den Rabattschlachten, die der Internethandel und die großen
Handelshäuser eingeläutet haben, können kleine lokale Geschäfte
nicht folgen.

3.11
Die Digitalisierung der Finanzwirtschaft

Zur Geschichte des Finanzkapitals
Seit mehreren Jahrzehnten gewinnt das Finanzkapital in Gestalt
von Banken, bankenähnlichen Konstrukten wie Hedgefonds, Private Equity Fonds wie Blackrock sowie von Ratingagenturen an
Macht, die in erheblichem Umfang die sogenannte Realwirtschaft
steuert. Blackrock hat allein in Deutschland Anteile an 28 von 30
DAX-Unternehmen und treibt weltweit Fusionen voran, kauft junge
kreative Unternehmen auf und bringt durch seine ›steuersparenden‹
Machenschaften Staaten unter seinen Einfluss. Das Finanzkapital
betreibt damit eine Aufsplitterung von Arm und Reich, wie sie in
der Menschheitsgeschichte zuvor nicht bekannt war. [Rügemer-1]
Die Finanzwirtschaft war eine der ersten Branchen, die die Informationstechnik zur Optimierung ihrer Abläufe und zur Realisierung
neuer Geschäftsmodelle rigoros nutzte. [Auern-1]

Was kann die neue Technik?

Im Zusammenhang mit der Entwicklung des Internets nutzten die Banken diese Technik zur Umgestaltung ihrer Beziehungen mit den Privatkunden und zur drastischen Reduzierung ihrer Belegschaften und Filialen sowohl in den Städten als auch in den ländlichen Regionen. Begonnen hat dies mit der Einführung des Online-Bankings Mitte der 1990er Jahre. Der Anteil der Bevölkerung, der Online-Banking nutzt, stieg von 10 % im Jahr 2001 auf über 50 % im Jahr 2018 stetig an. [statista-9] Es geht dabei schon längst nicht mehr allein um Banküberweisungen. Das ganze Spektrum von Finanztransaktionen wie der Handel mit Aktien läuft ebenfalls über das Internet. Erst recht geschieht dies bei institutionellen Anlegern. Die aktuellen Schritte der Digitalisierung im Geld- und Finanzmarkt heißen Ausbau des bargeldlosen Zahlens, Abschaffung von Bargeld und ›Blockchain‹.

Kryptowährungen und Blockchains | »Wo immer es heute um das Geschäft der Zukunft geht, fällt das Stichwort Blockchain. Wozu Bankgebühren bezahlen, um Geld zu überweisen, wozu einen Notar einschalten, um ein Haus zu kaufen, wenn es auch ohne geht? Genau das verspricht die Blockchain-Technologie: Banken, Bargeld und vieles mehr wird abgeschafft, die ganze Art, wie wir wirtschaften wird auf den Kopf gestellt«, kommentiert die *FAZ* die bevorstehende Revolution über das Internet. [FAZ-7]

Was verbirgt sich hinter dem Zauberworten Kryptowährungen, Bitcoins und Blockchains? Eine Kryptowährung ist eine virtuelle digitale Währung. Es gibt für diese Währung keine Münzen oder Geldscheine. Guthaben bei Kryptowährungen sind Zahlenwerte, die irgendwo im Internet stehen. Die zurzeit bekannteste Kryptowährung ist Bitcoin. Digitale Währungen können ähnlich wie reale Währungen zum Kaufen und Verkaufen, zum beliebigen Geschäftemachen und ›Sparen‹ verwendet werden. Dies geschieht über ein Wallet, eine virtuelle Geldbörse. In der Realwelt wäre dies ein Konto. Kauft man etwas, wird der entsprechende Betrag von der virtuellen Geldbörse abgebucht. Hat man etwas verkauft, wird der Betrag auf ihr eingebucht. Gehandelt werden kann alles, egal ob Waren, Dienstleistungen, Schmiergelder, Sexpartner, Sklaven oder Waffen. Mit Bitcoins kann man also alles machen, was man auch mit einer normalen Währung machen kann. Die Transaktionen von Bitcoins laufen ausschließlich zwischen den beteiligten Partnern (Verkäufer – Käufer). Dritte, wie Banken oder bankenähnliche Institutionen, sind nicht beteiligt. Alles geschieht anonym. Staaten und Finanzämter können die Transaktionen nicht nachvollziehen. Der Wert von Bitcoins ist nicht an einen festen oder variablen Tauschkurs mit realen Währungen gebunden – egal ob Dollar, Euro oder Renminbi (Yuan). Er orientiert sich ausschließlich an Angebot und Nachfrage und gilt bei einigen eher naiven Befürwortern deshalb auch als die sauberste marktwirtschaftliche Währung. Wer dieses System, über das bereits Milliarden Transfers abgewickelt werden, erfunden hat, ist bis heute nicht geklärt oder besser gesagt: es wird nicht offen gelegt.

Abschaffung von Bargeld / Digitales Bezahlen | Eine andere Form der Abschaffung des Bargelds ist das »Digitale Bezahlen«, das vom Bundesverband deutscher Banken (BdB) in Zusammenarbeit mit der Management-Beratung A. T. Kearney, einer der größten Firmen für strategische Unternehmensberatung, vorangetrieben wird. Verbraucher sollen im Einzelhandel, bei der Bahn oder Fluggesellschaften über das Mobiltelefon bezahlen können, ohne eine Chipkarte zu verwenden. Dies ist ein weiteres Mittel, um die Arbeitsabläufe bei den Banken zu automatisieren. Digitales Bezahlen gilt für den Bankenverband außerdem als Türöffner für Finanzdienstleistungen im EU-Binnenmarkt [BVB-1]. Ganz bewusst sollen für den Betrieb solch kritischer Systeme private Betreiber zugelassen werden. Der Europäische Gerichtshof genehmigte dies und entschied am 7. November 2018, dass »der ausschließliche Betrieb eines nationalen mobilen Zahlungssystems durch ein vom Staat kontrolliertes Unternehmen gegen das Unionsrecht verstößt.«[7] [FAZ-8]

---

7   In dem Verfahren ging es um Ungarn.

Digitale Handelsplattformen | Der allergrößte Teil des Aktien-
handels läuft heute über das Internet und dort installierte digitale
Handelsplattformen. Der sogenannte Parketthandel spielt schon
lange keine Rolle mehr. Dies stand bereits 1998 auf der Agenda von
bankennahen Wirtschaftsprofessoren. Sie forderten: »Die Imple-
mentierung elektronischer Marktplätze mit weltweiten, dezentralen
Zugangsmöglichkeiten beeinflusst nachhaltig die bestehenden nationalen und auch internationalen Börsenstrukturen. Der Weg von den
traditionellen Börsenplätzen hin zu Börsennetzen ist unumkehrbar.
Die konkrete Ausgestaltung dieser Netze und die Rolle des Internets
für den Wertpapierhandel stehen im Zentrum des Interesses.« [Wein-
hardt-1] Dies wurde auch tatsächlich realisiert. Digitale Handelsplät-
ze sind das Bindeglied zwischen dem Trader und den Finanzmärkten.
Moderne Handelsplattformen ermöglichen weitaus mehr als nur die
Übermittlung von Orders. Zum Funktionsumfang gehören auch die
automatische Wertpapieranalyse und der automatische Handel mit
Wertpapieren, Derivaten und anderen Finanzanlagen. Über solche
Plattformen laufen Geschäftsmodelle der Finanzwirtschaft wie Cum-
Cum- und Cum-Ex-Geschäfte, Sekundenhandel, Optionsgeschäfte
und Wetten beziehungsweise Spekulationen auf das Scheitern von
Unternehmen und Staaten. Ohne die Existenz von Hochleistungs-
rechnernetzen wäre keines dieser Geschäfte möglich und profitabel.
Ohne diese Technik hätten die Akteure auch keine Chance, sie so
perfekt zu verschleiern. Selbst willige staatliche und zivile Kontroll-
instanzen können solche Börsengeschäfte kaum nachvollziehen.

Sekundenhandel | Der Sekundenhandel basiert darauf, dass für den
Kauf und Verkauf von Aktien an verschiedenen Börsenorten unterschiedliche Kurse bestehen. Oftmals bestehen diese Unterschiede
nur für Sekunden oder Bruchteile davon. Dies reicht trotzdem aus,
um Aktien zu einem geringeren Kurs am Börsenplatz-1 zu kaufen
und Sekunden später am Börsenplatz-2 zu verkaufen. Ohne Höchst-
leistungsrechner wäre dies unmöglich. Diese Geschäftsidee treibt andererseits die Entwicklung solcher Systeme voran.

Spekulationsgeschäfte mit geliehenen Aktien | Auch dies ist eine der neuen Geschäftsideen von Fondsgesellschaften. Werner Rügemer beschreibt in seinem Buch »Die Kapitalisten des 21. Jahrhunderts« [Rügemer-1, S. 14] am Beispiel der Lufthansa einen Fall aus dem Jahr 2016. Blackrock und andere Fondsbetreiber spekulierten darauf, dass wegen Angst vor Terroranschlägen und vor dem Brexit weniger Flüge gebucht würden und dass deshalb die Aktien der Lufthansa an Wert verlören. Die Fonds ließen sich von anderen Finanzgesellschaften bzw. Banken einen Kredit über eine Milliarde Euro geben und kauften damit für einen bestimmten Zeitraum gegen eine entsprechende »Leihgebühr« 20 % der Lufthansa-Aktien. Die Spekulation ging auf. Die Aktien sackten tatsächlich um 14 % ab. Sie gaben diese jetzt an die Eigentümer zurück und kauften sie zum abgesackten Preis erneut auf. Da sie danach im Wert bald wieder stiegen, machten die Fonds dicke Gewinne.

Wer treibt und wer profitiert
Vorangetrieben werden sämtliche über die Informationstechnik betriebenen Finanzgeschäfte durch clevere und skrupellose Finanzakteure. Um in diesem Geschäft richtig Gewinne zu machen, sind große Kapitalmengen erforderlich. Solche Geschäfte werden in den seltensten Fällen durch namentlich bekannte Personen durchgeführt, weil sie auch in einer durchaus marktfreundlichen Gesellschaft als dubios gelten. Deshalb werden sie verdeckt abgewickelt. Die Akteure sind Fondsgesellschaften, Private Equity Investoren (Die Verwerter), Hedgefonds (die Plünderer), Venture Capitalists (Die Vorbereiter) und traditionelle Banken (als Dienstleister). So formuliert es Werner Rügemer. [Rügemer-1] Einer der größten Akteure ist der US-Fonds Blackrock. Er wurde 1988 in New York City gegründet und verwaltet laut Wikipedia 6,29 Billionen US-Dollar und rund 5,48 Billionen Euro [Wikipedia-1]. Dies macht ihn zum größten unabhängigen Vermögensverwalter weltweit. Sein Aufstieg ist eng verbunden mit den wachsenden Möglichkeiten der IT-Technik und einer fortschreitenden Deregulierung der Finanzwelt. Blackrock kombiniert

die größten Datenverarbeitungs-Kapazitäten der westlichen Finanz-
branche mit dem größten Insiderwissen über Unternehmen und
Banken aus allen Branchen und an allen Standorten auf dem Globus
[Rügemer-1, S. 17]. Das Insiderwissen stammt aus Beteiligungen bei
tausenden Unternehmen, an denen Blackrock teilweise nur mit An-
teilen von 1 % bis 10 % beteiligt ist. Die aufgrund der Beteiligungen
erworbenen immensen Insiderinformationen werden mithilfe der
IT-Technik analysiert und ausgeschlachtet.

Außerdem treiben all jene Unternehmen die IT-gestützte Finanzwirtschaft an, die durch das Internet Waren und Dienstleistungen
verkaufen. Das trifft zum Beispiel für Amazon, Ebay und Google zu.
Amazon stieg dazu selbst in die Finanzwirtschaft ein und legte eine
neue Kreditkarte für Prime-Mitglieder auf. Hinter der Karte stehen
handfeste wirtschaftliche Interessen. Der Konzern hat weltweit mehr
als 100 Millionen Prime-Kunden, die er enger an sich binden will.
[FAZ-9] Ebay wickelt einen Großteil seiner Geschäfte mit Unterstützung des rein internetbasierten Bezahldienstes PayPal ab. Angeblich
vor allem, um den Kunden die Bezahlvorgänge zu erleichtern; entscheidend ist aber vielmehr die Rationalisierung der Buchhaltung.
Auch wenn Ebay sich 2020 von PayPal scheidet, ändert dies nichts
an dieser Vorgehensweise. Ein Ersatzpartner steht mit der nieder-
ländischen Firma Adyen bereits fest. [SPIEGEL-2] PayPal wird es
verkraften, denn es hat schon wieder einen Partner bei den ganz großen des Internet-Business. Jetzt will nämlich Google mit PayPal ins
Geschäft mit dem bargeldlosen Bezahlen einsteigen. Mit Google Pay
können zukünftig Google-Nutzer in der Kneipe oder im Laden mit
einer App auf dem Smartphone bezahlen. »Wir wollen Bezahlen so
einfach und intuitiv machen« wie eine Google-Suche«, sagte Google-
Manager Philipp Justus im Juni 2018 vollmundig bei der Präsenta-
tion des neuen Dienstes in Berlin. [WELT24-1]

Noch einen Schritt weiter geht Facebook. Mark Zuckerberg
kündigte im Juni 2019 an, mittels Blockchain-Technik eine eigene
Währung mit dem Namen ›Libra‹ zu generieren. Treuherzig kom-
mentierten dies selbst seriöse Zeitungen mit den Worten »Mehr als 2

Milliarden Menschen aus der Facebook-Familie wollen zunehmend
Dinge kaufen und sich gegenseitig Geld schicken.« Das ist mehrfach
irreführend. Erstens ist Facebook schon lange nicht mehr bloß eine
Plattform, über die sich eine ›Familie mit Millionen Angehörigen‹
mit Informationen, Katzenvideos und böswilligen Kommentaren
vernetzt. Facebook ist das zweitstärkste Unternehmen im weltweiten
digitalen Werbemarkt und ein gigantischer Internetkonzern, dem
außerdem Whatsapp, Instagram und andere Dienste gehören. Facebook will aber mehr, nämlich in den weltweiten Zahlungsverkehr
einsteigen, Finanzströme ›anzapfen‹ und schließlich beherrschen.
Dazu gehört es, Finanztransaktionen vollends aus der Kontrolle oder
gar der Beeinflussung von Staaten, Kontrollbehörden und demokratisch legitimierten Institutionen herauszulösen.

Wer verliert
Zu den größten Verlierern gehören die Beschäftigten im Bankgewer-
be – dort vor allem in den traditionellen Bereichen der Kundenbe-
treuung. Die Entlassungswellen rollen seit Jahren durch alle Institute. Bei der Postbank sank die Zahl der Mitarbeiter*innen zwischen
2010 und 2017 von 20.300 auf 14.400. [statista-3] Bei der Commerzbank sank sie zwischen 2010 und 2017 in Deutschland von 46.300
auf 36.900 und international von 59.100 auf 49.400. [statista-4]
Obwohl die Zahl der Bankkund*innen zwischen 2002 bis 2016 von
90 Millionen auf circa 107 Millionen zugenommen hat, sank die Zahl
der Bankenfilialen von 50.000 auf 35.000 und die Zahl der Beschäftigten im Kreditgewerbe von ca. 750.000 auf ca. 610.000. [BVB-1]
Besonders betroffen von den Filialschließungen sind die einfachen
Bankkunden in den ländlichen Bereichen und ältere Bankkunden,
die nicht über die Kenntnisse verfügen, Geschäfte über einen PC ab-
zuwickeln.

4.
Arbeit in der vierten industriellen Revolution

Nach dem Weltwirtschaftsforum (World Economic Forum – WEF) 2016 in Davos gelangten erstmals dramatische Zahlen über Arbeitsplatzverluste durch die vierte industrielle Revolution an die Öffentlichkeit. Per Saldo könnten Millionen Arbeitsplätze vor allem bei den klassischen Jobs in der Produktion, im Bergbau und der Administration wegfallen. Neue Jobs werde es in den Bereichen Finanzen, Management, IT und Ingenieurwesen geben. (vgl. Abbildung 1) [SWISSFORUM-1]. Noch dramatischer sieht es die Internationale Arbeitsorganisation ILO, vor allem dort, wo in den sogenannten ›Fabriken der Welt‹ Schuhe, Kleidung, Taschen, Rucksäcke, Handys und Laptops sowie andere Elektronikartikel oder Teile für die Automobilindustrie hergestellt werden. In einer spezifischen Untersuchung nahm die ILO die Situation in den ASEAN-Staaten unter die Lupe und sieht circa 10 Millionen Arbeitsplätze als gefährdet an. (siehe Abbildung-2) [ILO-2] Auch wenn sie den drohenden Verlust an Arbeitsplätzen niedriger ansetzt als die ILO, meldet doch selbst die *FAZ* erschrocken: »Die nächste industrielle Revolution, die bereits im Gange ist und unter dem Schlagwort ›Industrie 4.0‹ läuft, soll demnach mehr als sieben Millionen Arbeitsplätze überflüssig machen – und zwar weniger in den Fabriken, die bereits weitgehend automatisiert sind, sondern in Büros und Verwaltung. Gefährdet sind die Angestellten mit ›weißem Kragen‹, heißt es in der Untersuchung. Dem gegenüber stehen nur zwei Millionen neue Stellen, die für Spezialisten für Computer und Technik bis zum Jahr 2020 neu entstehen sollen« [FAZ-11] Eine neuere Studie des WEF stellt

die Situation eher noch schärfer dar. Mehr als die Hälfte aller Jobs sei
nicht sicher, 31 % der derzeit verfügbaren seien akut gefährdet. Dem
stünden ca. 16 % neue Jobs gegenüber (Abbildung-3) [WEF-2] Bemerkenswert ist die Ausdrucksweise, in der das WEF dies darstellt.
Statt von Jobs, »die verschwinden« wird von »redundanten Rollen«
gesprochen.

Nach den ›Schreckensmeldungen‹ von 2016 wird jetzt eher eine
Kampagne zur Beruhigung betrieben. »In einer Studie von IT-Con-
sultingfirma Capgemini unter 993 Firmen antworteten 83 %, dass
der Einsatz von KI neue Aufgaben geschaffen habe. Mehr als die
Hälfte der durch KI geschaffenen Jobs sind Führungskräfte, alle neu-
en Jobs erfordern hoch qualifizierte Arbeitskräfte. Durch KI-Einsatz
seien in 63 % der Unternehmen gar keine Arbeitskräfte weggefallen«
[HEISE-3], und ein deutsches Karriere-Magazin fabuliert unter der
Überschrift ›Künstliche Intelligenz schafft Jobs‹: »Lange als Bedroh-
hung wahrgenommen, etabliert sich Künstliche Intelligenz (KI) inzwischen zum hilfreichen Werkzeug und schafft dabei neue Arbeitsplätze. Rund 80 % der untersuchten Firmen, die KI nutzen, haben
neue Jobs geschaffen. Arbeitnehmer sollen nicht ersetzt werden, sondern komplementiert und unterstützt. Fortbildung ist der Schlüssel
zum Erfolg.« [Karriere-Magazin-1]

4.1
Kopfarbeit statt Handarbeit

Fortbildung ist in der Tat eine der großen Herausforderungen
für die arbeitenden Menschen im Zeitalter der neuen industriellen Revolution. Sie bräuchten Qualifikationen und Skills, heißt es.
Die neuen Qualifizierten nennen sich: Datenanalysten, Machine-
Learning-Spezialisten, Big-Data- und Prozessautomatisierungs-
experten, Informationssicherheit-Analysten, User-Experience- und
Mensch-Maschine-Interaktion-Designer, Robotik-Ingenieure und
Blockchain-Fachleute. Die neuen Skills sind Belastbarkeit, Flexibilität, soziale Kompetenz und ständige Lernbereitschaft. Damit dies

gelingt, empfiehlt das WEF noch: »Achten Sie darauf, dass Sie ›good connections‹ haben und ›strong relationship with an manager or mentor‹ und außerdem ›good fortune‹. [WEF-1]

Die zukünftige Arbeit wird also eher dort stattfinden, wo Menschen mit dem Kopf arbeiten. Diese Tendenz ist schon seit Jahren zu beobachten. Nach Aussagen des Statistischen Bundesamts war 1990 das Verhältnis von Arbeiter und Angestellten noch etwa 50 % zu 50 %, 2018 beträgt es 75 % Angestellte zu 25 % Arbeiter.

4.2
New Work

Mit der Durchsetzung der Digitalisierung in nahezu allen Wirtschaftsbranchen ändern sich auch die Formen, in denen die Arbeit organisiert wird. Die Profitmaximierung erfordert, dass Waren schneller dem Markt zur Verfügung gestellt werden. Eines der Schlagworte, das dies am stärksten zum Ausdruck bringt, heißt ›time to market‹. Die globale Vernetzung der Warenmärkte macht es aus Sicht der Unternehmen außerdem erforderlich, dass die Arbeit nicht mehr im Raster einer bestimmten Zeitzone erfolgt, sondern rund um die Uhr. Um dies zu erreichen, wollen die Unternehmen, dass ihre Beschäftigten länger und flexibler arbeiten. Flexibler heißt hier vor allem flexibler im Sinne der Unternehmen.

Die Dynamik der digitalen Wirtschaft geht allerdings einher mit gesellschaftlichen und kulturellen Änderungen. Patriarchalische und hierarchische Befehlsstrukturen sind nicht mehr das Leitbild. Sowohl innerhalb der Betriebe als auch in der Gesellschaft verlangen die Menschen mehr Spielräume in Bezug auf die Gestaltung ihres Lebens und auch in Bezug auf die Arbeit. Dies erfordert ein gewisses Entgegenkommen der Unternehmen, zumindest ein ›gefühltes Entgegenkommen‹. Unter dem Begriff ›New Work‹ wird ein solches Konzept vor allem von der Digitalwirtschaft propagiert. Geprägt wurde der Begriff von Frithjof Bergmann, einem US-amerikanischen Sozialphilosophen, der behauptet, durch New Work werde eine Auflösung des Kapitalismus initiiert, gleichzeitig aber erkannt haben will, ›dass der Kommunismus keine Chance mehr hat‹. Die zentralen Werte des Konzepts von New Work seien die Selbstständigkeit, die Freiheit und die Teilhabe an der Gemeinschaft. Verwirklicht werde dies durch fünf Ziele:

- Die Individuelle Festlegung von Leistungszielen und Arbeitszeiten.
- Eine Führungskultur, in der harte Befehlsstrukturen aufgehoben sind.
- Agiles Arbeiten, bei dem Mitarbeiter selbst erkennen, was notwendig ist.
- Work-Life-Balance zum Beispiel durch Homeoffice, flexible Arbeitszeiten.
- Moderne kreative Work-Spaces, also offene Büroarchitekturen, die zur Basis des Wohlbefindens bei der Arbeit werden.

Nicht zuletzt wegen des hohen Bedarfs an Arbeitskräften kommen Unternehmen diesem Wunsch vordergründig mit Vertrauens-arbeitszeiten, Kickertischen, Fitnessstudios etc. entgegen. An der Festlegung der Unternehmensziele und der Verteilung der Erträge eines Unternehmens ändert sich dadurch allerdings nichts. Von mehr betrieblicher Mitbestimmung oder gar einem Interessengegensatz von Beschäftigten und Unternehmen ist nicht die Rede. Es ist ein neoliberales Konzept, bei dem Zugeständnisse an die Beschäftigten gemacht werden, die die Unternehmen nichts kosten, sondern ihnen eher Vorteile bringen.

Homeoffice

In vielen Unternehmen ist das gelegentliche und regelmäßige Arbeiten im Homeoffice zur Normalität geworden. Viele Kopfarbeiter*innen sehen darin einen großen Vorteil, vor allem dann, wenn sie Kinder oder andere Angehörige betreuen müssen oder weite Wege zu Arbeit haben. Das klingt nach Freiheit und Flexibilität, und die meisten »Arbeitgeber« gehen auf solche Wünsche ein, ziehen sie daraus doch gewaltige Vorteile. Sie müssen weniger Büroraum, Büro-

nebenkosten und Ausstattungen von Arbeitsplätzen in Rechnung
stellen.

Flexible Arbeit rund um die Uhr

Mobile Geräte erlauben es jederzeit und von jedem Ort aus, mit
anderen zu kommunizieren. Zu diesen ›anderen‹ gehören auch
»Arbeitgeber« und Auftraggeber, Kunden und Geschäftspartner.
Dafür bekommen viele Kopfarbeiter ein Firmentelefon, das sie
auch privat nutzen dürfen. Damit tappten sie oft in eine böse Falle.
Denn nun müssen sie, wenn der Chef anruft, den Anruf auch annehmen, dann den Anruf des Kunden und schließlich noch den
des Kollegen, der schnell einen Rat braucht. Die neue Technik ist
das Instrument, um die Feierabendruhe auszuhebeln. Aus der Flexibilität ist nicht die Zeitsouveränität der Beschäftigten entstanden,
sondern ihre weit über 40 Stunden pro Woche andauernde Verfügbarkeit, wobei Mehrarbeit nicht vergütet wird. Das Problem der
›Arbeit rund um die Uhr‹ ist ein klassisches Beispiel, wie mit schö-
nen Floskeln wie ›Beseitigung eines unzeitgemäßen Bürokratismus‹
bestehende Normen, Regeln und gesellschaftliche Konventionen
beseitigt werden.

Optimierung durch »Agiles Arbeiten«

»Agiles Arbeiten« und »Scrum« sind Zauberworte in der digitalisierten Arbeitsorganisation, um die Arbeit zu effektivieren und die
Mitarbeiter trotzdem zufrieden zu machen. »Agile Arbeit verlangt
einen Paradigmenwechsel weg von der durchgeplanten Projekt-
arbeit hin zur kurzzyklischen Entwicklung in selbstorganisierten
Arbeitsgruppen, die in enger Kooperation mit den Kunden flexibel
auf Veränderungsnotwendigkeiten reagieren«, jubelte *Wallstreet
Online* im Februar 2019 [vgl. WSM-1]. Eine Expertin für digitale
und agile Transformation bringt es noch klarer auf den Punkt: »Ich
coache mittelständische Unternehmen, damit sie 25 % effizienter
und 30 % schneller werden.« Agiles Arbeiten soll dazu beitragen,
dass sich Unternehmen und Belegschaften leichter auf neue Her-

ausforderungen einstellen können. Das Prinzip der Agilität ist verhältnismäßig alt und knüpft an die Toyota-Prinzipien Kaizen und Kanban an. Um Ressourcen zu schonen und die Erfahrungen der Beschäftigten zur Verbesserung von Arbeitsabläufen zu nutzen, wurde den Produktionsteams eine teamorientierte Form der Selbstbestimmung erlaubt. Sie brachte tatsächlich viele der gewünschten Effekte, einschließlich einer hohen Identifikation der Beschäftigten mit ihren Unternehmen. Der Wunsch nach Demokratisierung der Arbeitsgestaltung nahm dann in den 1980er und 90iger Jahren bei der ersten Generation der Softwareentwickler einen hohen Stellenwert ein. Das Selbstbewusstsein ›wir wissen doch am besten, wie wir gemeinsam ein Problem lösen‹, war vor allem bei jungen Informatiker*innen, die vermittels demokratischer Prinzipien und Basisentscheidungen arbeiten wollten, hochwillkommen. »Der Grundgedanke von Scrum ist die Befähigung von Beschäftigten, Führungskräften und Teams, ihre jeweiligen Arbeitsaufgaben und -ziele eigenverantwortlich zu planen, zu organisieren und in guter Qualität abzuschließen.« erklärte ein Scrum-Experte bei einer Tagung der IG Metall. Er sieht die Mitglieder im Scrum-Prozess als die handelnden Subjekte. Ob dies aber tatsächlich gilt, darf bezweifelt werden. Die gute Idee einer gemeinschaftlichen solidarischen verantwortungsvollen Arbeit wurde den Protagonisten einmal mehr aus der Hand genommen und in ein Optimierungsinstrument für höhere Profite umgewidmet. Auf das Unternehmensziel selbst hatten sie keinerlei Einfluss.

Selbstoptimierung

Gegen den Kohlestaub untertage, Mehlstauballergien oder Hautallergien bei Friseur*innen wurden im Laufe der Zeit durch gewerkschaftliche Kämpfe Schutzmaßnahmen durchgesetzt. Bei den Kopfarbeitern galt ähnliches für Erkrankungen der Wirbelsäule. In einem anderen Bereich, von dem viele Kopfarbeiter betroffen sind, nämlich stressbedingte psychosomatische Erkrankungen, wollen die »Arbeitgeber« nicht als Berufskrankheiten anerkennen. Hier greift man zu ganz anderen Mitteln. Hunderte Seminare zur Stressbewältigung werden angeboten, um dieser Krankheit entgegenzuwirken. Die Lösung besteht freilich nicht in einer Strategie, um Überforderung durch ein Zuviel an Arbeit abzuwehren. »Zuviel Arbeit gibt es nicht, es gibt nur eine falsche Organisation der Arbeit«, lautet das Motto der meisten dieser Seminare. Ihr Ziel ist es vielmehr, Tipps zu vermitteln und einzuüben, wie man die eigene Leistungsfähigkeit steigern kann und die Belastungen besser aushält. »Wichtig dabei ist: Stress empfindet jeder individuell. Was für den einzelnen eine spannende Herausforderung ist, kann für den nächsten schon zu einer wirklichen Stresssituation führen«, heißt es seitens eines Schweizer Unternehmens, das dabei helfen will, Stress zu beseitigen. [BEXIO-1] Damit wird der allgemeine Druck am Arbeitsplatz auf ein rein individuelles Problem reduziert. Die Verantwortung der Unternehmen wird negiert. Zeit- und Selbstmanagement-Skills werden von den Unternehmensführern als Kernkompetenzen des vorbildlichen Arbeitnehmers definiert. Jede Minute soll optimal genutzt werden, um den Anforderungen im Job, in der Familie und mit Freunden gerecht zu werden. Das Ziel: weniger schlafen, produktiver arbeiten. »Der Schlaf ist in der Logik des Kapitalismus etwas Unproduktives, ein Stillstand, in dem das Humankapital nicht zur Verfügung steht«, so der US-amerikanische Essayist Jonathan Crary in seinem Buch ›24/7: Schlaflos im Spätkapitalismus‹.

Intelligente Tagelöhner

Unter dem englischen Modebegriff Crowdworking oder Clickworking wurde ein Arbeitsverhältnis wieder zum Leben erweckt, das an die Frühzeiten des Kapitalismus erinnert – der Tagelöhner. Crowdworking-Jobs sind Tätigkeiten gegen Bezahlung, die auf Portalen (Crowdworking-Plattformen) von einem Arbeitgeber (Auftraggeber) angeboten werden und um die sich ein »Arbeitnehmer« (der Crowdworker) bemüht, um sie zu einem festgesetzten Geldbetrag und innerhalb eines vom Auftraggeber vorgegebenen Zeitfensters zu erledigen. Wenn sich mehrere Crowdworker um einen Auftrag

bewerben, kann der Auftraggeber entscheiden, wer ihn zugespro-
chen bekommt. Auf einigen der ersten Crowdworking-Plattformen
bildeten sich teilweise menschenverachtende Methoden heraus. So
wurden Aufträge konkurrierend an mehrere Crowdworker verge-
ben, bezahlt wurde aber nur derjenige, dessen Lösung angenom-
men wurde. Viele der Plattformen vermitteln kleinteilige Jobs wie
Internetrecherchen, Durchführung von Umfragen oder Aufberei-
tung von Adressen. Aber auch höherwertige Arbeiten wie Home-
pageprogrammierung, journalistische Recherchen sind im Angebot. Von den Betreibern der Plattform und den Auftraggebern wird
diese Form als ideal für Nebenerwerbsarbeit gepriesen. Sie ist aber
nichts anderes als ein ungeschütztes, tarif- und sozialversicherungs-
freies Arbeitsverhältnis. Eine Studie der ILO [ILO-3] untermauert
dies:

- Lediglich 60 Prozent der Crowdworker haben eine Kranken-
  und nur 30 % eine Rentenversicherung.
- Über 60 Prozent wollen weg vom Clickworking, 41 Prozent suchen aktiv nach einem regulären Job.
- Bei 90 Prozent kam es schon einmal vor, dass der Arbeitgeber
  das Arbeitsergebnis ablehnte oder nicht bezahlte.
- Durchschnittlich werden 20 unbezahlte Minuten pro Tag benötigt, um Aufgaben zu suchen.

Der überwiegende Teil der Crowdworker ist laut der Studie gut
ausgebildet – knapp die Hälfte hat einen Hochschulabschluss.
Mehrere Millionen Crowdworker holen sich ihre Arbeit haupt-
oder nebenberuflich über diesbezügliche Plattformen. Zu deren
größten gehören Amazon Mechanical Turk mit 10.000 regist-
rierten Nutzer*innen oder auch die »Microtasking Platform«
mit geschätzt 800.000 Registrierungen. Um für die deregulierten
Arbeitsbedingungen zumindest in Ansätzen Randbedingungen
und Eckpunkte festzulegen, haben sich Crowdworker zusammengeschlossen und mit der IG Metall Forderungen aufgestellt, um in
zwei Jahrhunderten erstrittene Rechte auch für Crowdworker ab-
zusichern. [FCW-1]

Länder	Industrien	Jobs	gefährdete Jobs
	Automobil / Automobil-Zulieferer	800.000	
Indonesien			60 %
Thailand			73 %
	Elektrotechnik und Elektronik	2.500.000	
Indonesien			63 %
Thailand			74 %
Philippinen			81 %
Vietnam			75 %
	Kleidung und Schuhe	9.000.000	
Indonesien			64 %
Vietnam			86 %
Kambodscha			88 %
	Call-Center	1.000.000	
Philippinen			89 %

Tabelle 2 | Quelle: International Labour Organisation [ILO-2]

Jobs	Verluste von Arbeits- plätzen in Mio.	Zuwächse an Arbeits- plätzen in Mio.
Büro und Administration	4.759	
Herstellung Produktion	1.609	
Bergbau, Bauwesen	497	
Justiz	109	
Kunst, Medien	151	
Wartung, Service, Montage	40	
Finanzen		492
Management		416
IT-Technik		405
Ingenieurwesen		339
Marketing, Vertrieb		303
Bildung		66
Summe	7.165	2.021

Tabelle 3 | Quelle: [SWISSFORUM-1]

Zukunft der Arbeit	2018	2022
Gefährdete Jobs / ›redundant roles‹	31	21
Neue Jobs / new roles	16	27
Sichere Jobs / stable roles	48	48
Andere	5	4

Tabelle 4 | Quelle: World Economic Forum 2018 [WEF-1]

5.
Digitalisierung und Gesellschaft

5.1
Digitalisierung und Überwachung

Alle Fähigkeiten, die Systeme der KI bereitstellen, werden intensiv zur Überwachung von Menschen benutzt. Dazu gehören zum Beispiel Sensoren, die Menschen auf Grund ihrer biometrischen Daten (Aussehen, Fingerabdrücke, Geruch), ihrer Sprache oder Sprechweise (Satzbau, Sprechstil) erkennen. Dies geschieht im öffentlichen Raum und ebenso auf privaten Grundstücken von Personen und Firmen. Behörden und private Unternehmen verarbeiten solche personenbezogenen, geschlechtsbezogenen, milieubezogenen Daten und verknüpfen sie mit verhaltensbezogenen Informationen wie Vorlieben für Kinos, Bücher, Essen, politische Überzeugungen. Gesetze wie die europäische Datenschutz-Grundverordnung (DSGVO) können dies wohl kaum wirklich verhindern.

Auch in Deutschland wird an Überwachungs- und Auswertungspraktiken intensiv gearbeitet. Die Bundesregierung fordert in einem Strategiepapier, ganz gezielt den Einsatz von KI zur Gefahrenabwehr und für die innere und äußere Sicherheit zu nutzen. »KI und ihre Anwendungsmöglichkeiten bieten objektiv betrachtet, wie andere Zukunftstechnologien auch, Chancen und Risiken für die staatliche Sicherheitsvorsorge. Die Bundesregierung ist bestrebt, diese Chancen zu erschließen und für Staat und Gesellschaft rechtskonform nutzbar zu machen. Die verbesserte Auswertung von Informationen aus unterschiedlichsten offenen und nicht-offenen

Quellen unter Verwendung verschiedenster Technologien der KI soll dabei die Evidenz für Entscheidungsvorgänge verbessern sowie das digitale Verwaltungshandeln forcieren. Die Bereitstellung offener Verwaltungsdaten für die uneingeschränkte Weiternutzung soll künftig ausgeweitet werden.« [BR-1] Geht es nach der EU-Kommission, sollen selbstlernende Algorithmen auch in der Strafverfolgung und Gefahrenabwehr eingesetzt werden. Ein koordinierter Plan für Künstliche Intelligenz sieht vor, Algorithmen verstärkt in den Bereichen »Migration und Infrastrukturüberwachung« einzusetzen. So steht es im Anhang der Mitteilung der EU-Kommission, die deren Generalsekretär kurz vor Weihnachten 2018 an den Rat gerichtet hat. KI-basiertes maschinelles Lernen soll demnach vor allem in den Bereichen Geoinformation und Erdbeobachtung genutzt werden. Dazu betreibt die EU sechs optische und radarbasierte Satelliten. [HEISE-2]

An der Entwicklung von Überwachungstechniken arbeiten die Konzerne der Internetwirtschaft intensiv mit, zum Beispiel Microsoft. »Computer verstehen Menschen – wie Menschen. Forscher bei Microsoft berichten in einem Papier, dass ein Computer erstmals gesprochene Sprache genauso gut erkennt wie ein Mensch.« [MS-1] Diese Entwicklung floss unmittelbar ein in Produkte wie Cortana, Alexa oder Siri. Unter dem Begriff ›Sprachassistenten‹ werden sie heute millionenfach verkauft. War es bei James Bond noch notwendig, im Lampenschirm einer Wohnung eine ›Wanze‹ zu installieren, sind es heute diese ›Assistenten‹, aber auch Fernsehgeräte und Waschmaschinen, die mit der Fähigkeit versehen wurden, Sprache zu verstehen und entsprechende Aktionen auszuführen. Da sie mit dem Internet verbunden sind, steht technisch einer totalen Abhörung nichts mehr im Wege. Mindestens ebenso weit ist die automatische Gesichtserkennung fortgeschritten. Als Beispiel wird gerne China genannt, das diese Techniken anwendet, um die Bevölkerung zu überwachen. So weit muss man nicht reisen, um sich entsprechende Beispiele anzuschauen. In Großbritannien etwa wurde von der West Midlands Police ein Feldversuch gestartet, bei dem es darum geht, mittels eines KI-Programms vorherzusagen, bei welchen Menschen angeblich ein hohes Risiko besteht, ein schweres Gewaltverbrechen zu begehen. [NSC-1] Als Begründung für den ständigen Ausbau an Überwachungstechniken wird »die Sicherheit« in den Vordergrund gestellt. Durch die seit Jahren andauernde intensive Berichterstattung über gefährliche oder dramatisierte Ereignisse oder über angebliche Gefährdungslagen wurde eine hohe Zustimmung zu solchen Maßnahmen in breiten Bevölkerungsschichten erreicht.

Terrorabwehr
Die Terroranschläge auf das World Trade Center in New York boten nicht nur den US-Behörden Anlass für eine umfassende Überwachung der eigenen Bürger*innen sowie derjenigen befeindeter und befreundeter Länder. In Europa geschah mit kurzem Zeitabstand und in atemberaubendem Tempo genau dasselbe.

Unter den Vorzeichen der Abwehr terroristischer Anschläge wurde auch in Deutschland ab dem Jahre 2002 ein riesiges Bündel an juristischen, organisatorischen und operativen Maßnahmen zur Überwachung der Bevölkerung ergriffen, und zwar durch modernste Abhör- und Überwachungsmethoden. Federführend ist hier das 2004 eingerichtete »Gemeinsame Terrorismusabwehrzentrum« (GTAZ) in Berlin-Treptow mit einer »Nachrichtendienstlichen Informations- und Analysestelle« (NIAS) sowie einer »Polizeilichen Informations- und Analysestelle« (PIAS). Im GTAZ sind die Verfassungsschutzbehörden des Bundes und der Länder, das Bundeskriminalamt (BKA), die Landeskriminalämter und der Bundesnachrichtendienst (BND) eingebunden. Weitere Teilnehmer sind Bundespolizei, Zollkriminalamt, Militärischer Abschirmdienst, Bundesamt für Migration und Flüchtlinge (BAMF) und Vertreter der Generalbundesanwaltschaft. Die Abstimmung von Bewertungen und Maßnahmen bei sicherheitsrelevanten Sachverhalten mit Terrorismusbezug wird dadurch erleichtert und beschleunigt. [BfV-4] Ergänzt wurde es 2007 durch das GIZ, das gemeinsame Internetzentrum. Es führt seit 2007 die Beobachtung des Internets nach islamistischen Inhalten durch. Dies

erfolgt in enger Zusammenarbeit von Verfassungsschutz, Bundeskriminalamt, Bundesnachrichtendienst, dem militärischem Abschirmdienst und der Generalbundesanwaltschaft.

Abwehr von »Verfassungsfeinden«

Auf seiner Homepage beschreibt das Bundesamt für Verfassungsschutz seine Aufgaben: »Es sammelt Material über Bestrebungen,
die gegen die freiheitlich-demokratische Grundordnung oder gegen
den Bestand und die Sicherheit des Bundes oder eines Landes gerichtet sind oder durch Anwendung von Gewalt oder darauf gerichtete
Vorbereitungshandlungen auswärtige Belange der Bundesrepublik
Deutschland gefährden oder gegen den Gedanken der Völkerver-
ständigung (Art. 9 Abs. 2 GG), insbesondere gegen das friedliche Zu-
sammenleben der Völker gerichtet sind. Dazu sammelt es den weitaus
größten Teil seiner Informationen aus offenen, allgemein zugäng-
lichen Quellen – also aus Druckerzeugnissen wie Zeitungen, Flug-
blättern, Programmen und Aufrufen.« [BfV-1] Vom Internet ist an
dieser Stelle nichts zu lesen. Dass das Internet aber inzwischen zum
wichtigsten Bereich der Überwachung gehört, ist aus Sicht des Am-
tes logisch und offensichtlich. Dies machte der ehemalige Präsident
des Verfassungsschutzes Hans-Georg Maaßen bei einer Rede auf dem
21. Europäischen Polizeikongress im Februar 2018 in Berlin klar: »Die
Sicherheitsbehörden stehen vor dem Problem, dass die Gegner unserer freiheitlich-demokratischen Grundordnung die Möglichkeiten des
Internets intensiv für ihre Zwecke missbrauchen und sich in rasantem
Tempo vernetzen. Diese Vernetzung möchte ich in den kommenden
Minuten aus nachrichtendienstlicher Perspektive beleuchten und eine
Antwort darauf geben, wie wir als Sicherheitsbehörden auf diese Ri-
siken reagieren.« Hinweise, wie er dies tatsächlich macht, gibt es (na-
türlich) nicht. Ausführlich kommt er aber auf die Organisationen zu
sprechen, die die Sicherheit bedrohen, indem sie zum Beispiel »Inter-
netpräsenzen modern gestalten, die in der Lage sind, das Interesse von
Kindern, Jugendlichen und jungen Erwachsenen zu wecken.« [BfV-2]
Einige Forderungen finden sich in seinem Vortrag dann doch:

- *Modernisierung*, um die Sicherheitsarchitektur auf die Höhe der Zeit zu heben
- *Zentralisierung*, denn ein Verfassungsschutzverbund, der aus insgesamt 17 Inlandsnachrichtendiensten ohne zentrale Steuerung besteht, wird unserer aktuellen Sicherheitslage nicht mehr gerecht.
- *Zusammenarbeit aller Sicherheitsbehörden*, wobei das Trennungsgebot von Polizei und Nachrichtendiensten reduziert werden muss, ebenso wie die Differenzierung von Gefahren von außen und innen.

Auch Maaßens Nachfolger Thomas Haldenwang sieht in der Überwachung des Internets eine wichtige Aufgabe, denn die Digitalisierung erleichtert »politischen Extremisten anonymisierte Hetze und Meinungsmache, die Mobilisierung von Anhängern und ermöglicht verschlüsselte Kommunikation«. [BfV-3]

Nebenbei bemerkt: Von Edward Snowden veröffentlichte Dokumente enthüllten bereits 2008 eine Bewunderung US-amerikanischer Stellen für die technischen Fähigkeiten deutscher Dienste. In einem Länderbericht habe es unter Hinweis auf den Ausbau der Glasfasernetze in Deutschland geheißen, der Bundesnachrichtendienst habe »ein großes technisches Potenzial und einen guten Zugang zum Herzen des Internets«. [FAZ-10]

Die Zusammenarbeit der Geheimdienste im Internet

»Ausspähen unter Freunden, das geht gar nicht«, hatte Bundeskanzlerin Merkel am 4. Mai 2015 im Brustton der Entrüstung gesagt, als offenbar wurde, dass der US-Geheimdienst NSA sie abgehört hatte. Ein daraufhin eingesetzter Untersuchungsausschuss tagte 140 Mal, heraus kam dabei nichts. Verwundern konnte dies niemanden. Denn bereits am 2. November 2013 hatte die *FAZ* unter Berufung auf den *Guardian* berichtet, »dass die Geheimdienste Frankreichs, Spaniens, Schwedens und auch Deutschlands in den vergangenen fünf Jahren in enger Abstimmung mit dem britischen Geheimdienst ›Government Communications Headquarters‹ (GCHQ) zusammengearbeitet haben. Die Zeitung beruft sich auf einen Länderbericht aus dem Jahr 2008, den Snowden weitergegeben habe. Demnach habe man Methoden der Massenüberwachung von Telefon- und Internet-verkehr unter Zugriff auf Glasfaserverbindungen entwickelt. Eine lockere, aber wachsende Allianz von Geheimdiensten habe es den Geheimdiensten einzelner Länder ermöglicht, Verbindungen mit anderen Diensten herzustellen und so das Abfischen im Internet zu erleichtern. Bereits im März 2009 habe der GCHQ überdies eine Konferenz mit französischen Partnern über das Internet-Monitoring ausgerichtet. Die Briten berichteten später, es sei ›ein sehr freund-liches Treffen‹ gewesen.« [FAZ-10]

Überwachung im Betrieb

Unmittelbare Überwachungssysteme wie die Videoüberwachung oder Tür-Zugangssysteme in Betrieben bieten durch offene und ver-steckte Funktionalitäten und ›intelligente Auswertungssysteme‹ bis hin zu Gesichtserkennung eine Basis für die Totalüberwachung von Belegschaften. Biometrische Authentifizierung, Mimikerkennung, Spracherkennung gehören zu den bereits einsatzfähigen Möglich-keiten von ›Sicherheitssoftware‹. Jeder PC ist heute mit Video- und Spracherfassungssystemen ausgerüstet. Was mit den dort erfassten Daten geschieht, muss von den Personal- und Betriebsräten unbe-dingt über Regelungen mit den Unternehmen vereinbart werden. Da in vielen Firmen Belegschaftsvertretungen fehlen, sind gesetzliche Regelungen unabdingbar.

Ein weiteres Problemfeld ist die indirekte Überwachung. Ein Ziel der Einführung von Digitaltechniken in den Arbeitsabläufen eines Unternehmens ist die Dokumentation der Arbeitsschritte ein-schließlich des Nachweises, wer, wann, was gemacht hat. Dies ist eng verbunden mit einer nahezu totalen Überwachung der Belegschaften nicht nur in der Produktion, sondern auch in den technischen und kaufmännischen Büros sowie der Projektorganisation. Moderne Do-kumentenmanagementsysteme, in die Dokumente oder Datensätze abgelegt werden, erfassen sekundengenau und personenbezogen, wer die Aktion ausgeführt hat. Dies gilt in der Industrie beispielsweise für IT-Lösungen wie SAP oder auch CAD- und Produktdatenmanagement-Systeme, auch wenn dies nicht das vorgegebene Ziel dieser Systeme ist. Die Potenziale zur Aufwertung solcher Daten sind grundsätzlich vorhanden. Betriebsräte sollten deshalb vorsorglich vereinbaren und darauf achten, dass diese Daten nicht personenbezogen ausgewertet werden.

Schlussfolgerung

Die technischen Möglichkeiten der Digitalisierung haben den staatlichen Institutionen und privaten Unternehmen die Möglichkeiten eröffnet, eine mehr oder wenige durchgängige Überwachung der Menschheit vorzunehmen. Diese erfolgt bereits. In welchem Umfang die erfassten Daten auch tatsächlich ausgenutzt werden, um bestimmte politische Aktivitäten zu unterbinden, ist (noch) nicht wirklich auszumachen. Die tatsächliche massenhafte Wahrnehmung der demokratischen Rechte ist eine wichtige Möglichkeit, diese Rechte zu erhalten und die Demokratie zu verteidigen.

5.2
Digitalisierung und politische Beeinflussung

Das Internet hat in höchstem Maß politische Bedeutung erlangt. Dies nicht erst, seit der Präsident der USA, Donald Trump, den Nachrichtendienst Twitter als Medium für Regierungsaussagen aller Art verwendet. Politische Tweets, die über Twitter und andere soziale Netzwerke verbreitet werden, sind grundsätzlich nichts anderes als Regierungserklärungen, wie sie im letzten Jahrhundert über Fernschreiber verbreitet wurden. Durch die Technik des Internets ist die Geschwindigkeit um ein vielfaches schneller und hat einen viel größeren Verbreitungskreis. Dies allein macht Tweets nicht gefährlicher als Erklärungen, die per Fernschreiben, Radio, Fernseher oder Zeitungen verbreitet werden. Entscheidend sind die Inhalte, die über das Medium verbreitet werden.

Das Internet in der Meinungsbildung

Das Internet hat bei der Informationsbeschaffung nach einer Untersuchung von 2017 mit 25,9 % Platz zwei hinter dem Fernsehen mit 33,7 % erreicht, gefolgt von den Tageszeitungen mit 19,4 % und dem Radio mit 18,9 % sowie den Zeitschriften mit 2,2 %. Tendenziell sinkt das Gewicht des Fernsehens und der Printmedien, wohingegen das Meinungsbildungsgewicht der Onlinemedien kontinuierlich steigt. [KEK-1, S. 219] Bei den unter 65-Jährigen nutzt fast die gesamte Bevölkerung das Internet. [KEK-1, S. 207] Für nachrichtlich informierende Zwecke nutzten im 2. Halbjahr 2017 33 % täglich das Internet, bei den 14- bis 29-Jährigen waren es sogar 63 %. [KEK-1, S. 211]

Die wichtigsten Meinungsmacher | Die am häufigsten besuchten Webseiten in Deutschland, über die Nachrichten verbreitet werden, sind: *T-Online, web.de, Focus Online, Bild, Chip Online, gmx, Computerbild, Welt* und *Spiegel*. Betrachtet man die ›Anteile der Medienunternehmen am Meinungsmarkt Internet in Deutschland‹, ergibt sich dasselbe Bild: Burda (10,5), Bertelsmann (9,5), Springer (8,9], United Internet mit *web.de* und *gmx* (7,0), ARD (5,9), Ströer mit *t-online* (5,8) und Microsoft (3,9). Zahlenmäßig am stärksten sind die ›sonstigen‹. [KEK-1, S. 221] Mit Ausnahme der ARD sind alle Meinungsmacher private Firmen, und zwar genau die, die auch im Printbereich die Marktführer sind.

Soziale Netzwerke | Bei der Verbreitung von Informationen spielen bekanntlich die Sozialen Netzwerke eine entscheidende Rolle. Über sie werden die Meldungen der Meinungsmacher weiter verbreitet. Sie spielen auch bei der informierenden Nutzung eine große Rolle, vor allem bei den 14- bis 29-Jährigen. Hier sind es vor allem Facebook, Youtube, Instagram, Whatsapp, Snapchat, Google+ und Twitter [KEK-1, S. 210] Ebenso wichtig sind die Suchmaschinen, da sie bei der Informationssuche eine zentrale Rolle spielen. Die Treffer der Suchmaschinen führen zu einem erheblichen Teil auf die Angebote der Medienkonzerne.

Fake News | Als Synonym für die Gefährdung der politischen Debatte gelten verstärkt seit Ende 2016 Fake News. Vor allem im Zusammenhang mit der Präsidentenwahl in den USA wurden sie als Grund für Wählerstimmen zugunsten von Donald Trump ausgemacht. Folgt man dem britischen *Guardian*, sind Fake News, »Falschmeldungen, die glaubwürdigem Journalismus ähneln, jedoch komplett frei erfunden sind, um ihre Leser zu täuschen und um damit für Aufmerksamkeit, Weiterverbreitung und Werbeeinnahmen für ihre Urheber zu sorgen.« Ausgerechnet bei jenen, die mit Hilfe von Falschmeldungen Kriege legitimiert und begonnen haben, gab es den größten Aufschrei über das Aufkommen von Falschmeldungen. Seither fordern im Bundestag vor allem die Parteien, die von den größten Stimmenverlusten bedroht sind, gesetzliche Maßnahmen gegen Fake News und Hass im Internet. Vor allem die CDU/CSU und die SPD brachten jeweils in Positionspapieren die Forderung auf: ›Diskussion statt Diffamierung‹.

Die Sozialen Netzwerke bieten tatsächlich Raum für direkte und scharfe Auseinandersetzungen über politische, soziale, religiöse und andere weltanschauliche Themen. Da das Internet ein weltumspannendes Netzwerk ist, beschränken sich solche Diskussionen nicht mehr im nationalstaatlichen Rahmen. Da der Zugang verhältnismäßig einfach ist, können beliebige Personen, und dazu zählen auch Politiker*innen, unmittelbar in die Diskussionen eingreifen, argumentieren, aber eben auch lügen. Das Monopol von Zeitungsverlagen, Radio- und Fernsehsendern ist allerdings tatsächlich gebrochen. Zu viele Interessengruppen, auch Regierungen unterschiedlicher Länder, nutzen das Internet. Scheinheilig ist es, wenn die Regierungen des Westens so tun, als käme das Böse allein aus Russland oder China, und der Westen würde so etwas niemals tun. Um einschätzen zu können, ob Meldungen richtig sind, und von welchen Absendern sie jeweils kommen, müssen Internetnutzer*innen lernen, selbst zu prüfen, ob das, was auf dem Bildschirm zu sehen ist, sein kann oder nicht. Angesichts der ökonomischen Machtverhältnisse bei der Meinungsverbreitung im Internet sind die wirklich inakzeptablen Internet-User mit ihren gehässigen Meldungen aber nicht die Meinungsführer.

Wem gehört das Internet?

Das Internet gehört, in den westlich orientierten, kapitalistischen Ländern in all seinen Bestandteilen privaten Unternehmen, zumeist Monopolen und Kartellen. Dies beginnt bei den physikalischen Infrastrukturen, egal ob Kupferkabel, Glasfaser oder Funknetze. Selbst, wenn in einigen Ländern Telekommunikationsinfrastrukturen noch in staatlicher Hand sind, werden sie rein profitorientiert geführt. Das nächste technische Infrastrukturelement sind die riesigen Rechnerfarmen und Datenbanken, in denen die Daten des Internets gespeichert und verarbeitet werden. Auch die Algorithmen und Methoden, nach denen diese physikalischen Netze und Rechner strukturiert, betrieben, gewartet und gesichert werden, gehören privaten Konzernen wie Microsoft, Amazon, Google und den großen Banken und Investmentfonds. Ohne diese Infrastrukturen ist der Content, also der Inhalt, der Milliarden Internetseiten nicht nutzbar. Grundsätzlich muss jeder/jede, die Content ins Internet stellen will, dafür bezahlen. Wie in Abschnitt ›die wichtigsten Meinungsmacher‹ zu sehen ist, sind in Deutschland die seit Jahrzehnten bekannten Medien Inhaber dieser Inhalte.

Staatsmonopolistische Eingriffe ins Internet

Nicht zuletzt deshalb, weil er selbst elementare Funktionen über das Internet abwickelt und das Internet außerdem eine von über 95 % der Bürgerinnen und Bürgern genutzte öffentliche Infrastruktur ist, greift der Staat regulierend ein. Da er in Gegensatz zu anderen öffentlichen Infrastrukturen wie Straßen oder Eisenbahn nie Eigentümer des Internets war, ist die Erstellung von Regularien im Interesse der Bevölkerung eher schwieriger als in den klassischen Infrastrukturen. Wie bei allen öffentlichen Infrastrukturen gibt es heftige gesellschaftspolitische Auseinandersetzungen, die von diametralen Interessenkonflikten zwischen Eigentümern und Nichteigentümern geprägt sind. Die Globalität des Internets und die damit verbundenen nationalen Interessen von Regierungen verkomplizieren die Situation. Diese Auseinandersetzung soll an zwei Beispielen skizziert werden:

1. *Die Auseinandersetzung um den Aufbau des schnellen Internets nach dem 5G Standard.* Die Industrie drängt mit all ihren Verbänden auf einen schnellen, unbürokratischen, weitgehend mit öffentlichen Mitteln finanzierten Aufbau dieser Netze. Um die Lizenzen und die damit möglichen Profite streiten sich internationale Kartelle.

2. *Das Netzwerkdurchsetzungsgesetz (Gesetz zur Verbesserung der Rechtsdurchsetzung in sozialen Netzwerken, NetzDG).* Durch dieses Gesetz sollen strafbare Inhalte, sogenannte Hassinhalte, und die Verletzung von Persönlichkeitsrechten im Internet unterbunden und mit Bußgeldern belegt werden. Der neueste Gesetzentwurf der Bundesregierung (Stand Februar 2019) sieht vor, dass von jedem Anbieter im Netz verlangt wird, selbst zu prüfen, ob Inhalte rechtswidrig sind. Es drohen Strafen bis zu 50 Mio. Euro, wenn »offensichtlich strafbare Inhalte nicht oder zu spät gelöscht werden«. Mit solchen Gesetzen wird nicht erreicht werden, dass Falschmeldungen, Verleumdungen oder andere unerwünschte Inhalte aus dem Netz verschwinden. Anbieter von Internetplattformen, werden zu Hilfszensoren gemacht. Wie auch immer: Was zulässig ist und was nicht, wird in hohem Maße davon abhängig sein, wie sich das politische Kräfteverhältnis in einer Gesellschaft darstellt.

Internet als freier Diskussionsraum

Ganz zu seinem Beginn gab es die Vision, dass das Internet ein in jeder Beziehung offener Raum für den freien Meinungsaustausch sein könnte. Dieser Traum platzte. Das Internet wurde es innerhalb kürzester Zeit den Regeln einer Profitökonomie unterworfen. Die Möglichkeiten, politische und weltanschauliche Positionen in die Öffentlichkeit zu tragen, sind durch das Internet trotzdem deutlich größer geworden. Diese Möglichkeiten werden über Blogs, Internetpetitionen oder Diskussionsplattformen und in vielen anderen Formen genutzt. Auch der Dialog über Whatsapp, E-Mail oder Chats ist für alle Menschen, die örtlich getrennt sind, eine großartige Möglichkeit.

Schlussfolgerungen

Es ist in den letzten Jahren tatsächlich gelungen, über das Internet so etwas wie eine institutionalisierte Gegenöffentlichkeit zu organisieren. Dies wurde von den herrschenden Kräften sehr schnell aufgegriffen und für eigene Ziele adaptiert. Dies geschah und geschieht durch Regierungen und leider ebenfalls durch nationalistische, fremdenfeindliche Bewegungen sowie durch Hassbotschaften, Falschmeldungen und andere Propaganda.

Im Internet passiert genau das, was auf anderen Ebenen der Gesellschaft auch geschieht. Dabei kommt es durchaus darauf an, Regelwerke zu definieren. Letztendlich ist die Auseinandersetzung hierüber ein Teil dessen, was marxistisch gesprochen als Klassenkampf bezeichnet wird. Ein entscheidender Faktor wird es sein, ähnlich wie in Auseinandersetzungen auf der Straße Flagge zu zeigen – Flagge für Demokratie, Frieden und soziale Gerechtigkeit.

5.3
Digitalisierung und Nachhaltigkeit

Industrialisierung steht seit ihrem Beginn für Raubbau an Natur und Umwelt. Glaubt man zum Beispiel Adidas, so soll dies total anders werden. Das Unternehmen stellt sich als einer der wichtigsten Verfechter der Ökologie dar, weil es mit aller Kraft die Möglichkeit der vierten industriellen Revolution nutze, um die Umwelt zu schonen. Bislang ließ es seine Schuhe unter äußerst fragwürdigen Bedingungen für die dort Arbeitenden in Südostasien fertigen. Die Profite auf Grund der billigen Arbeitskraft schnellten dadurch von Jahr zu Jahr in die Höhe. Der lange Transport der Schuhe wurde billigend in Kauf genommen. Nun gibt es die Möglichkeit, durch die Kombination von Digitalisierung und 3D-Druck, die billige manuelle Arbeitskraft durch die noch billigere Automatisierung zu unterbieten. Die Produktion der Schuhe kann vor Ort stattfinden, und es gibt zusätzlich die Möglichkeit, Transportkosten zu senken und damit erneut Profite zu maximieren. Adidas verkauft dies als ökologische Heldentat:

»Das Speedfactory-Projekt wird sich positiv auf die Umwelt auswirken, da transportbedingte Emissionen verringert und der Einsatz von Klebstoffen drastisch reduziert werden.« [ADIDAS-1]

Auch der wissenschaftliche Beirat ›Globale Umweltveränderung‹ (WBGU) der Bundesregierung hofft auf einen Beitrag der Digitalisierung für eine nachhaltige Entwicklung. Er schlägt in einem sogenannten Impulspapier vor, die Digitalisierung ausdrücklich in den Dienst einer globalen Transformation zur Nachhaltigkeit zu stellen: »Die Begrenzung des Klimawandels und die Erhaltung natürlicher Lebensgrundlagen sind zentrale Anliegen der Agenda 2030. Digitale Technologien bieten Potenziale für die Einhaltung planetarischer Leitplanken und den lokalen Umweltschutz.« [WBGU-1] Die Realität sieht anders aus.

Die Ökobilanz des Internets

Jede Anfrage auf Wikipedia oder Google, jeder Aufruf einer Wetter-App, jede Mail braucht Strom. Der Verbrauch eines einzelnen Nutzers ist so klein, dass er bei ihm selbst kaum ins Gewicht fällt, zumal er nicht in erster Linie beim Nutzer direkt, sondern in der Gesamtstruktur des Internets und durch die riesige Zahl der Nutzer anfällt. 200 Google-Anfragen kosten so viel Energie wie das Bügeln eines Hemdes. Mehr Strom frisst das Streamen von Filmen. Schätzungen, besagen, dass der Anteil des Internets am Energieverbrauch auf 80 Prozent steigen wird. [SWR-1] Wahre Energiefresser sind Bitcoin und Blockchains. Laut einer Studie des Bitcoin Energy Consumption Index [BECI-1] sollte Bitcoin schon im Sommer 2019 so viel Strom benötigen wie die gesamten USA.

Der Boom in der Warenwirtschaft

Mit der Digitalisierung erschließen sich die Unternehmen riesige Märkte für neue Waren und Dienstleistungen. Ein drastisches Beispiel sind die sprachgesteuerten Assistenz-Systeme wie Siri oder Alexa. Amazon gab Anfang 2019 bekannt, dass es sein Gerät 100 Millionen Mal verkauft hat. Nicht viel anders sieht es bei den ebenso beliebten Digitalgeräten für das Handgelenk, den Smart Watches, aus. Analysten von Citizen Bank schätzen, dass allein im 4. Quartal 2018 10 Millionen dieser Geräte verkauft wurden. [GOLEM-1] Die Digitalisierung insgesamt bringt zusätzlich Milliarden elektronische Steuereinheiten in Autos, Haushaltsgeräte, im ›smart home‹ und in der Investitionsgüterindustrie mit sich. Diese Geräte können wohl einerseits rein mechanische Systeme effizienter machen und damit tatsächlich den Energieverbrauch reduzieren. Wie eine Gesamtökobilanz aussieht, ist dagegen bislang nicht erforscht.

Mehr Verkehr durch Onlinehandel

Die Zahl der Pakete und Päckchen, die in Deutschland tagtäglich zum Kunden gebracht werden, steigt kontinuierlich an. Waren es 2010 noch ca. 2,2 Milliarden Sendungen, so waren es 2015 2,5 Milliarden und 2018 3,3 Milliarden. Für 2020 wurden 4,3 Milliarden genannt. [FAZ-6] Die Zahl an LKW und kleineren Lieferfahrzeugen und damit der Verkehr haben sich durch diese Paketflut merklich erhöht.

Der Rebound-Effekt

Von »der Wirtschaft«, sowohl der sogenannten ›alten‹ als auch der ›neuen‹, wird immer wieder behauptet, dass durch eine bessere Technik der Energieverbrauch von Geräten reduziert werde und der Verbraucher damit einen Beitrag zum Umweltschutz leiste. Die Realität sieht anders aus. Wenn diese Behauptung stimmen würde, müsste der weltweite Energieverbrauch tendenziell sinken. Das tut er aber nicht. Das Gegenteil ist der Fall, wie Statistiken des Global Energy Statistik-Jahrbuchs zeigen. [GESJ-1] In seinem Buch der ›Rebound-Effekt‹ erklärte Tilmann Santarius bereits 2012, dass Einsparungen bei einem System, das Energie oder andere Ressourcen verbraucht, durch neue gesteigerte Bedürfnisse schnell weggefressen werden. Er verweist auf Untersuchungen aus Japan, dass Autofahrer, die sich nach eigener Wahrnehmung ein ›ökologisches Auto‹ zugelegt haben, ein Jahr nach dem Kauf 1,6 mal mehr Kilometer gefahren sind als zuvor. [Santorius-1] Ähnliche Effekte kann man beim Carsharing erkennen. Carsharing führt nicht zu einer Verringerung der gefahrenen Kilometer. Dabei wäre dies das Einzige, was der Umwelt gut tun würde. »Die wahrgenommene Umweltfreundlichkeit des freefloating Carsharing wird aber in der alltäglichen Praxis unter den gegenwärtigen Rahmenbedingungen nicht umgesetzt. Dies zeigen die Untersuchungen zum Verkehrsverhalten. Die Nutzung des freefloating Carsharing geht zwar nicht zu Lasten des ÖPNV. Allerdings zeigt sich in den untersuchten Städten eine stärkere Autonutzung. In Stuttgart wird mehr mit dem privaten Auto gefahren, in Frankfurt/ Köln gibt es dagegen einen Anstieg des stationsbasierten Carsharing und des Mitfahrens bei Freunden und Bekannten.« [ÖKOI-1]

Schlussfolgerungen

Wer hofft, mit der Digitalisierung, einen entscheidenden Beitrag zur Rettung des Planeten zu leisten, wird enttäuscht werden. Das Ziel der Treiber der vierten industriellen Revolution ist nicht das Gemeinwohl oder die Ökologie, sondern einzig eine Ausweitung der Warenproduktion im weltumspannenden Rahmen. Dabei geraten Monopole im Kampf um die höchsten Profite in eine heftige Konkurrenzsituation. In diesen Monopolschlachten haben die Natur und das Wohlbefinden der Menschen noch nie eine Rolle gespielt. Siegfried Behrendt vom Institut für Zukunftsstudien und Technologiebewertung sagt: »Die Informationstechnik führt uns nicht zwangsläufig in die Nachhaltigkeit, wie die Protagonisten der Informationsgesellschaft behaupteten.« [SWR-1]

6.
Gestaltungsspielräume
bei der Digitalisierung erkämpfen

Die öffentliche Diskussion über das Thema Digitalisierung hat 2018 und 2019 Fahrt aufgenommen. Bei ungezählten Kongressen, Veranstaltungen, Themenabenden, Podiumsdiskussionen und in Publikationen wird über das Thema diskutiert. Die am stärksten Betroffenen, die arbeitenden Menschen sind schwach beteiligt, nicht nur, was ihre eigene Arbeit betrifft, sondern auch in ihrer Rolle als zahlenmäßig größter Klasse der Gesellschaft. Die Bundesregierung hat als Diskussionsforum zwar das Bündnis ›Plattform Industrie 4.0‹ installiert. Dort zeigt sich aber eine sehr einseitige Fokussierung auf wirtschaftliche und technische Aspekte.

6.1
Die Nichtbeteiligung der Zivilgesellschaft

Sowohl die Gewerkschaften als auch andere Organisationen der Zivilgesellschaft sind in den Beratungsgremien der Bundesregierung und der EU nur marginal vertreten. Eine einzige Arbeitsgruppe auf der genannten ›Plattform Industrie 4.0‹ befasst sich mit ›Arbeit, Aus- und Weiterbildung‹. Dort ist wiederum institutionell nur ein einziger Repräsentant der Gewerkschaften vertreten. Die Mitwirkung der Gewerkschaften wurde, offensichtlich mit deren Einvernehmen, auf eine sozialpartnerschaftliche Zusammenarbeit reduziert. Von einer engagierten Vertretung der Interessen der Beschäftigten ist nur wenig zu finden. Als Kernbotschaften, die die Arbeitsgruppe vermitteln soll [BMWE-8], werden genannt:

- *Industrie 4.0 bringt mehr Chancen als Risiken*: Die an den Dialogen beteiligten Sozialpartner gehen davon aus, dass es mehr Beschäftigung geben kann und nicht weniger.
- *Eine gemeinsame Gestaltung von Industrie 4.0*: Durch Mitarbeiterbefragungen, Führungskräftedialoge oder das Aufsetzen spezieller Projektgruppen ... können z. b. Digitalisierung erlebbar gemacht und daraus tragfähige Lösungen entwickelt werden.
- *Im Dialog über 4.0 bleiben*: Es wird klar, dass da, wo Arbeitgeber und Arbeitnehmervertreter zusammenarbeiten, ein stärkeres Wachstum gelingt.
- *Schlüsselrolle Bildung und Qualifikation*: Neben der fachlichen Qualifikation liegt ein besonderer Fokus auch auf Persönlichkeitskompetenzen, wie z. B. Methodenkompetenz, Lernfähigkeit, Kommunikation und interdisziplinärer Zusammenarbeit.
- *Neue Arbeitsorganisation, Kultur und Führung*: Da Wertschöpfungsketten der Zukunft nicht mehr linear verlaufen, braucht es andere Strukturen, um mit der erhöhten Komplexität umzugehen.

6.2
Gewerkschaftliche Positionen in einzelnen Branchen

Fertigungsindustrie | Die Branche, die zunächst am stärksten von den Umwälzungen der Digitalisierung betroffen ist, ist die Fertigungsindustrie mit dem Automobil-, dem Maschinen- und Anlagenbau sowie der Medizintechnik, einschließlich ihrer jeweiligen direkten und indirekten Zulieferketten. Die hier zuständige Gewerkschaft ist die IG Metall mit ihren 2,27 Millionen Mitgliedern. Insbesondere in den mittelständischen Betrieben gibt es aber noch vielfach sowohl bei den Unternehmensleitungen und erst recht bei Betriebsräten nur unterentwickelte Vorstellungen, was Industrie 4.0 für die konkrete Arbeitsbedingungen bedeutet. Dieses Unwissen und die damit verbundene Unsicherheit besteht auch in vielen Geschäftsstellen und bei hauptamtlichen Mitarbeitern der IG Metall. Ihr Vorstand ergriff deshalb 2019 die Initiative, um in einem ersten Schritt den Stand der Digitalisierung in den Betrieben zu erfassen. In einem zweiten Schritt sollen dann Maßnahmen entwickelt werden, wie negative Folgen der unternehmerseits geplanten Änderungen verhindert werden können. In einer großen Umfrage erfasste die IG Metall Anfang 2019 die Lage in den Betrieben. Dazu wurden in Workshops der IG Metall mit ausgesuchten Betrieben folgende Themenkomplexe diskutiert und Erhebungen durchgeführt.

- Welche Strategie hat der Arbeitgeber für die Transformation? Welche neuen Geschäftsmodelle entwickelt er, und was bedeutet dies für Beschäftigung?
- Was tut der Arbeitgeber, um die Arbeitsplätze in der Transformation zu sichern?
- Was ist an Voraussetzungen für eine systematische Personalentwicklung auch unterhalb der Führungsebene vorhanden und was müssen wir hierzu einfordern?
- Und nicht zuletzt: Wie viele Beschäftigte arbeiten heute an Arbeitsplätzen, die voraussichtlich am stärksten dem Automatisierungsdruck ausgesetzt sind?

Aus diesen Fragen soll ein ›Transformationsatlas‹ des Betriebes entstehen. Die Ergebnisse aus den einzelnen Betrieben sollen zusammengeführt werden, um daraus Schlussfolgerungen ziehen zu können. Der IGM-Vorsitzende Jörg Hofmann erklärte bei einem Transformationskongress im Oktober 2018 [IGM-2]

- »Wir müssen uns frühzeitig in die Debatte einmischen und die Arbeitgeber zwingen, ihre Strategien offenzulegen.
- Wir müssen Vereinbarungen zur Standort- und Beschäftigungssicherung erreichen, die die Arbeitgeber zwingen, in die Standorte und die dort Beschäftigten zu investieren.
- Wir brauchen eine gezielte Personalentwicklung auch unterhalb der Führungsebene. Dazu muss auch gehören, den Beschäftigten eine Perspektive auf eine berufliche Neuorientierung zu geben, und zwar bevor sie arbeitslos werden.
- Wir müssen eine Unternehmenspolitik bekämpfen, die auf Aufspaltung setzt. Wir wollen keine Bad Banks der Old Economy.«

Auf diesem Kongress gab es klare Aussagen und Zielformulie-rungen. Jörg Hofmann ging auf die Frage ein, wie die Digitalisierung auch die Gesellschaft verändert und welche Interessen einander ent-gegenstehen: »Diese Transformation ist nicht nur durch Technolo-gie und Regulation, sondern durch Interessen getrieben. Interessen, die im Kapitalismus naturgemäß widersprüchlich sind. Die Frage ist: »Wird auch in dieser Transformation aus technologischem Fort-schritt – sozialer Fortschritt? Dies ist keine Selbstverständlichkeit. Die Geschichte der IG Metall zeigt: Immer galt es, die Interessen der Gesellschaft gegenüber den Regeln der Märkte und den Profitinteres-sen der Arbeitgeber durchzusetzen … Stets galt: Nicht die Regeln des sozialen Miteinanders, sondern die Regeln des Marktes bestimmten das wirtschaftliche Handeln. Erst die durch die Arbeiterbewegung erzwungene Herausbildung des Sozialstaates führte zu einem Aus-gleich der marktgetriebenen Verwerfungen … Tatsache ist, die Di-gitalisierung verändert nicht nur das Arbeitsleben, sondern wirkt in das gesellschaftliche Miteinander hinein. Nicht nur einzelne Tätig-keiten entfallen, sondern hunderttausende. Daneben wachsen neue Tätigkeiten, ja ganz neue Wertschöpfungsketten hinzu. Die gesamte Arbeitswelt, das gesellschaftliche Miteinander, bis hin zu individuel-len Lebensstilen verändern sich durch Digitalisierung.«

Daraus leitet er auch Forderungen an die Politik ab: »Wollen wir den digitalen Wandel so gestalten, dass er gute Arbeit für alle be-deutet, verlangt dies zwingend eine Kehrtwende in der Politik. Denn die Gefahr besteht, dass die Gesellschaft zerfällt in Digitalisierungs-gewinner und -verlierer, zwischen denen auch kulturell Sprachlo-sigkeit herrscht. Die Digitalisierungsprofite in gute Arbeit für alle zu investieren – dies ist unsere Forderung. Im Betrieb, in der Ta-rifpolitik, in unseren Forderungen an den Gesetzgeber.« Hofmann verweist dabei auf die Satzung der IG Metall, in der die Überführung von Schlüsselindustrien und anderen markt- und wirtschaftsbeherr-schenden Unternehmungen in Gemeineigentum gefordert wird, und betont, dass dies zweifellos auch für die digitale Infrastruktur gelte. [IGM-2]

Öffentliche Verwaltung | Unter der Forderung »Gute Arbeit« setzt sich ver.di für die Beschäftigten im öffentlichen Dienst ein. ver.di bezieht eine sozialpartnerschaftliche Position hinsichtlich der Herausforderungen bei Einführung neuer Techniken in den Ämtern. »Insbesondere für den öffentlichen Dienst, ob in der Verwaltung, der Schule oder bei der Polizei, bedeutet die Digitalisierung eine gewaltige Veränderung der Arbeitsbeziehungen. Diese Transformation kann nur gemeinsam mit den Beschäftigten gelingen! ver.di sieht sich deshalb als Stimme der Beschäftigten im öffentlichen Dienst.« [DGB-2] Ziel ist es, für die Erwerbstätigen die Gestaltungsspielräume, die sich aufgrund räumlicher und zeitlicher Freiheiten vernetzter digitaler Arbeit eröffnen, nutzbar zu machen – beispielsweise bei der Wahl von Arbeitsort und Arbeitszeit und einer verbesserten Work-Life-Balance. [VERDI-3]

Da Beschäftigte im öffentlichen Dienst im Vergleich mit der privatwirtschaftlichen Industrie nicht von Arbeitsplatzabbau betroffen sind, gibt es andere Schwerpunktsetzungen als bei den Industriegewerkschaften. Im Fokus stehen: die Sicherstellung eines wirksamen Beschäftigtendatenschutzes und eine tatsächlich verbesserte Vereinbarkeit von Familie und Beruf. Politische Forderungen sind von ver.di nur sehr indirekt zu hören. Ihr Digitalisierungskongress im April 2018 stand unter dem Motto ›Gemeinwohl in der digital vernetzten Gesellschaft‹. Die Leiterin der ver.di-Projektgruppe Digitalisierung eröffnete diesen Kongress mit der Frage: »Wenn wir in Würde, solidarisch gerecht und nachhaltig arbeiten wollen – welchen technischen und ethischen Kriterien muss dann die Gestaltung unserer digitalen Infrastruktur unterliegen?« Als Antwort gab sie: »Es sollte möglich sein, die digitale Technik zum Wohle aller zu nutzen, ohne die Freiheits- und Persönlichkeitsrechte aufzugeben und unsere Sicherheit zu gefährden, ohne politische und ökonomische Machtkonzentration und ohne in Abhängigkeiten von Herstellern oder in den globalen Strudel von Sozialdumping zu geraten.« Wichtig sei der persönliche Einsatz eines jeden Einzelnen. »Wir arbeiten dran, wollen mitbestim-

men und mitgestalten als Beschäftigte und Bürger*nnen«, hob sie
hervor. Die menschliche Entscheidungshoheit dürfe nicht verloren
gehen.« [VERDI-3]

Handel | Etwas klarere Worte gibt es von ver.di im Bereich Han-
del. Dort sind allerdings die Arbeitsbedingungen auch gravierend
schlechter als im öffentlichen Dienst. Bei vielen Betrieben vor allem
im Onlinehandel, wie bei Amazon oder Zalando, sind die Arbeitsbedingungen sogar so katastrophal, dass die Beschäftigten für elementare Rechte wie Betriebsräte und eine halbwegs ordentliche Bezahlung streiken müssen. Bei einer ver.di-Betriebsrätekonferenz zu
›Digitalisierung und Automatisierung im Handel‹ im Oktober 2018
gab es offensichtlich harte Diskussionen über die Auswirkungen der
Digitalisierung. Ein Referent aus der ver.di-Bundesverwaltung berichtete von einer Studie, derzufolge der Einzelhandel bis 2030 durch
die Digitalisierung rund 70.000 Jobs verlieren könnte. »Der Einzelhandel ist eine der am stärksten von der Digitalisierung betroffenen Branchen.« Trotzdem, die Stellungsnahme der ver.di-Führung
klingt alles andere als kämpferisch: Die Gewerkschaft will sie weder
aufhalten, noch passiv dabei zuschauen, was passiert. »Wir wollen
mitgestalten und wir werden mitgestalten«, erklärte eine Vertreterin
des Bundesvorstands. Mehrere eingeladene Redner negierten zu be-
fürchtende Folgen der Digitalisierung. »Die Arbeit wird uns nicht
ausgehen, sie wird sich aber fundamental ändern«, sagte ein Vertreter des Bundesarbeitsministeriums, und ein Professor aus Jena
versuchte, mit noch platteren Parolen aufkommende Befürchtungen
zu zerstreuen. »Es wird keinen radikalen Wandel geben«, prophezei-
te er. Damit wollten sich die Teilnehmerinnen und Teilnehmer der
Konferenz allerdings nicht zufrieden geben und berichteten aus der
Praxis. »Die Kollegen sind bereit, sich weiterzubilden, und sie ver-
schließen sich der Digitalisierung nicht, sie haben aber Ängste um
ihren Arbeitsplatz. Wenn Kassiererinnen erklärt wird, sie könnten
ja in Zukunft Päckchen packen, ist das wohl klar«, berichtete eine
Ikea-Betriebsrätin. [VERDI-4]

Nicht regulierte Arbeitsverhältnisse

Immer mehr Menschen arbeiten in Betrieben, die nicht tariflich gebunden sind und oft noch nicht einmal einen Betriebsrat haben. Eine
Betreuung dieser Beschäftigten durch die Gewerkschaften erfolgt
selbst dann, wenn sie gewerkschaftlich organisiert sind, nur sehr eingeschränkt. Immer höher wird außerdem die Zahl von Freelancern
und Scheinselbstständigen. Unter dem Modebegriff Crowdworking
bzw. Clickworking wurde ein Arbeitsverhältnis wieder zum Leben erweckt, das an Ausbeutungsverhältnisse aus der Frühzeit des Kapitalismus erinnert: der Tagelöhner – jetzt der intellektuelle Tagelöhner. Bei
den Crowdworkern haben sich allerdings in den letzten Jahren zusammen mit der IG Metall Bündnisse und Netzwerke herausgebildet,
um sicherzustellen, dass wenigstens die wichtigsten arbeits- und so-
zialrechtlichen Gesetze eingehalten werden. 2016 trafen in Frankfurt
anlässlich des ersten ›Internationalen Workshops zu Gewerkschafts-
strategien in der Plattformökonomie‹ Betroffene und Vertreter*innen
internationaler Arbeitnehmer-Organisationen mit Rechtsberatern
und technischen Beratern aus Asien, Europa und Nordamerika zusammen, um zu klären, welche wirtschaftlichen und sozialen Folgen
die Ausweitung von Crowdworking auf die Arbeitsmärkte hat. Als
Ergebnis wurden Forderungen für international gültige Arbeitsbedingungen auf digitalen Plattformen veröffentlicht [FCW-1]:

• ein Mindesteinkommen;
• die Aussicht, mit einer Wochenarbeitszeit von 35 bis 40 Stunden
  den eigenen Lebensunterhalt bestreiten zu können;
• ein bezahlbarer Zugang zum Gesundheitswesen;
• eine Entschädigung für Arbeitsunfälle und arbeitsbedingte Erkrankungen;
• eine Integration in nationale Sozialsysteme wie etwa die Sozial-
  versicherung;
• Rechtsschutz gegen Diskriminierung, Misshandlung und un-
  rechtmäßige Kündigung;
• Koalitionsrecht im Sinne des Rechts, sich zu organisieren, kollek-
  tiv zu handeln und Tarifabkommen auszuhandeln.

Christiane Benner, Zweite Vorsitzende der IG Metall, erklärt: »Mit der Frankfurter Erklärung ist es erstmals gelungen, viele internationale Beteiligte an einen Tisch zu bekommen und der Vielfalt und Differenziertheit der Plattformlandschaft Rechnung zu tragen. … Die gemeinsame Erklärung soll ein Empfehlungsrahmen für Plattformbetreiber, Kunden, politische Entscheidungsträger, Forscher und weitere Akteure sein. Wir brauchen einen Mix aus Selbstverpflichtungen, gesetzlichen und tariflichen Regelungen.« Zugleich sei es ein wichtiges Signal an Politik und Öffentlichkeit, dass Gewerkschaften und Wissenschaften als kompetente Akteure bereits im Anfangsstadium der Plattformökonomie international zusammenarbeiten, um die Arbeitsbedingungen auf Internetplattformen zu verbessern. [FCW-1] Ebenfalls unter Mitwirkung der IG Metall entstand eine Plattform mit dem Namen »Fair Crowd Work« mit gewerkschaftlichen Informationen für Crowd-, App- und plattformbasiertes Arbeiten.

Schlussfolgerungen

Für eine engagierte Vertretung der Interessen der Kopf- und Handarbeiter reichen die aktuellen gewerkschaftlichen Aktivitäten in der Digitalwirtschaft nicht aus. Der sozialpartnerschaftliche Lösungsansatz führt dazu, dass die Forderungen der Gewerkschaften auf der Ebene der betrieblichen Gestaltung der Digitalisierung stecken bleiben. Die Forderungen von DGB und IG Metall [DGB-1], [IGM-1] beinhalten derzeit vor allem die folgenden Aspekte:

- Einbeziehung der Beschäftigten in die Änderungsprozesse.
- Qualifizierung der Beschäftigten durch Aus- und Weiterbildung.
- Sicherung eines ausreichenden Beschäftigten-Datenschutzes.
- Absage an die Forderungen mancher Arbeitgeber, Schutzrechte der Beschäftigten unter dem Vorwand der Digitalisierung abzubauen.
- Einführung eines ›Transformations-Kurzarbeitergelds‹ mit vollem Lohnersatz sowie die Übernahme der Kosten für eine berufliche Weiterbildung. Das soll bei der Umstellung von Betrieben auf neue Produkte und bei der Überbrückung von Zeiträumen geringerer Produktivität helfen.

Diese Forderungen sind absolut notwendig, sie sind aber dringend ausweitungsbedürftig um weitergehende tarifliche Forderungen wie Arbeitszeitverkürzung (mit Vergütungsausgleich), Kontrolle der Finanztransaktionen der Plattformökonomie bis hin zu Überlegungen zur Vergesellschaftung von deren gigantischen Datenbeständen.

Die naheliegende Frage, wie die Gewerkschaften in das Räderwerk der Politik eingreifen können, bleibt bislang weitgehend unbeantwortet. Aus den Erfahrungen seit der ersten industriellen Revolution sollte ergibt sich, dass auch in dieser neuen Phase einer sprunghaften Entwicklung der Produktivkraftentwicklung eine sozialpartnerschaftliche Zusammenarbeit nicht hilft, um die Interessen der Arbeitenden zur Geltung zu bringen. Während der dritten industriellen Revolution fand ein intensiver Kampf um die 35-Stunden-Woche statt, der nur durch machtvolle Demonstrationen, Streiks und andere Aktionen einigermaßen erfolgreich zu Ende gebracht werden konnte. Von solchen Maßnahmen ist weder bei der IG Metall noch bei anderen DGB-Gewerkschaften derzeit viel zu spüren.

Mit einer Demonstration am 29. Juni 2019 wurde ein, allerdings nur erster, Schritt hin zu Massenaktionen vollzogen. Unter dem Motto *#Fairwandel* demonstrierten Zehntausende im Berliner Regierungsviertel dafür, den digitalen und ökologischen Wandel zu nutzen und die Industrie so umzubauen, dass auch die Beschäftigten davon profitieren. Zentrale Forderung der IG Metall war, dass aus dem technischem Fortschritt auch ein sozialer und ökologischer Fortschritt für alle werden müsse. Die Teilnehmer der Demonstration und auch die Redner verbanden angesichts der Klimakrise und der durch die Unternehmen initiierten Digitalisierung Forderungen nach Arbeitsplatzsicherung und Umweltschutz miteinander. »Verkehrswende, Energiewende, Klimaschutz und Transformation der Industrie funktionieren nicht von alleine. Dafür braucht es einen Plan, massive Investitionen – und vor allem schnelles und entschlossenes Handeln«, erklärte der IGM-Vorsitzende Jörg Hofmann.

7.
Die Macht der Internetkonzerne

»Die vierte industrielle Revolution ist nicht in erster Linie eine Revolution der Technologie, sondern eine politische Revolution.« Mit diesem Satz von Vietnams Ministerpräsident Nguyen Xuan Phuc begann dieses Buch. An vielen Beispielen war zu sehen, dass der Einsatz von KI und anderen modernen Technologien in erster Linie von den wirtschaftlichen Interessen kapitalistischer Unternehmen bestimmt wird. Ebenso wurde gezeigt, dass die Regierungen derjenigen Länder, in denen die großen Internetunternehmen ihren Sitz haben, maßgeblich daran beteiligt sind, deren Vorherrschaft zu fördern und auszubauen. Es gibt gerade einmal 10 bis 20 Länder, die über die finanziellen Mittel verfügen, um Digitalisierung, 3D-Druck, Materialforschung oder andere ›zukunftsweisende‹ Wissenschaften voranzutreiben. Dasselbe gilt auch für die Bereitstellung der Infrastrukturen wie 5G-Breitband oder eine stabile Stromversorgung. Die Techniken der vierten industriellen Revolution sind die Techniken der Reichen. Laut UNESCO haben weltweit noch immer 3,9 Milliarden Menschen keinen Zugang zum Internet. Betroffen von den Auswirkungen, die das Internet hervorruft, ist aber die gesamte Menschheit. Es sind indes einige wenige Unternehmen, die die IT- und Plattformwirtschaft beherrschen.

7.1
Die Produktionsmittel in der vierten industriellen Revolution

Die private Verfügungsmacht über die Maschinen, sprich die Produktionsmittel, war für Marx, Engels und viele andere nach ihnen, die grundlegende systemimmanente Ursache für soziale Ungleichheit und irrwitzigen Wettbewerb bis hin zum Krieg. Im Vergleich zum 20. Jahrhundert können heute die erstellten Produkte mit weit weniger Menschen und weit weniger menschlicher Arbeitskraft erzeugt werden. Einige ›Vordenker‹ nehmen dies zum Anlass, das Ende des Kapitalismus zu prognostizieren und die Bedeutung der Verfügungsgewalt über die Produktionsmittel zu relativieren. Sie sprechen vom Übergang von einer Arbeits- zu einer »Wissens- oder Kompetenzgesellschaft«. In der Wissensgesellschaft würden sich Wertschöpfung und Arbeitsplätze vom Industrie- in den Dienstleistungssektor verlagern. Richtig daran ist, dass Wissenschaft immer mehr zum unmittelbaren Produktionsfaktor wird. Falsch ist, dass sich die Wertschöpfung und damit auch die Aneignung des Mehrwerts ändern. Die Kopfarbeiter, deren Anteil bei den abhängig Beschäftigten kontinuierlich steigt, verharren im gleichen Abhängigkeitsverhältnis wie ihre Vorgänger im letzten Jahrhundert. Die Produktionsmittel in der Wissensgesellschaft sind im Vergleich zu denen der klassischen Industrie weniger sichtbar, da keine rauchenden Schlote mehr zu sehen sind und der Strom der Arbeitenden, die frühmorgens- und abends durch die Fabriktore strömten, durch eine gewisse Flexibilisierung von täglichen Arbeitsfenstern weniger reglementiert sind. Die entscheidenden Produktionsmittel in der vierten industriellen Revolution sind:

- Riesige Datenbanken, in denen Daten gespeichert und zu Informationen weiterverarbeitet werden. Für diese Verarbeitung der Daten werden übrigens derzeit noch hochqualifizierte Kopfarbeiter wie Datenanalysten benötigt,
- Riesige Prozessorleistungen, also Rechnerfarmen bzw. Rechenzentren, um diese Datenbanken am Laufen zu halten und die aufbereiteten Informationen für die neuen Geschäftsmodelle nutzen zu können. Zum Betrieb dieser Rechner werden gewaltige Mengen an Strom benötigt. Das Zusammenspiel der IT-Industrie und der Energiewirtschaft funktioniert durch eine Symbiose der beiden Branchen, die wiederum durch staatliche Maßnahmen, nämlich die Unterstützung der Energieversorgung durch den Staat, finanziert wird.

• Infrastrukturen wie das Internet einschließlich der Infrastruktur der Datenübertragung und Sicherung des Datenverkehrs. Der Staat bringt gewaltige Mittel auf, um 4G- oder 5G-Breitbandinfrastrukturen bereitzustellen. Die Verfügung über diese Infrastrukturen und die daraus resultierenden Profite werden privatisiert.

Die Abhängigkeit der traditionellen von den neuen Produktionsmitteln ist zudem extrem hoch und steigert die Macht der Digitalkonzerne. Ohne Internet läuft in der modernen Wirtschaft nichts mehr. Selbst ein Besuch beim Friseur oder Arzt basiert in zunehmendem Maß auf Terminvereinbarungen via Internet. Und auch wenn man dies per Telefon macht – ohne IT gibt es kein Telefonieren mehr. Noch stärker ist die Abhängigkeit der Industrie von den Internetgiganten. Ohne die Betriebssysteme und Datenbanken von Microsoft, Clouds von Amazon, Recherchemöglichkeiten und Werbung durch Google, Rechnernetze von Citrix oder der Fertigungssteuerungen von SAP funktioniert kaum noch ein Unternehmen.

7.2
Die Macht über die Daten

Der Kapitalismus hat eine neue Ressource entdeckt, die ihm das Überleben sichern soll: Daten.

»Daten sind das neue Öl der Wirtschaft«, wurde in den letzten Jahren in Dutzenden wissenschaftlichen Veröffentlichungen und Wirtschaftskonferenzen formuliert. Die Quelle der Ressource ist im Vergleich zu bisherigen Ressourcen aber tatsächlich neu und anders als Öl, Gold, Kobalt, Lithium oder Kohle. Die neuen Ressourcen sind virtuell. Zur Frage, warum dies so ist, stellt Nick Srnicek in seinem kleinen Büchlein ›Plattform-Kapitalismus‹ folgende These auf: »Wegen einer seit Langem sinkenden Profitabilität der Produktion hat sich der Kapitalismus den Daten zugewendet als Möglichkeit wirtschaftliches Wachstum und Vitalität eines lahmenden Produktionssektor zu erhalten.« [Srnicek-1, S. 11] Daten werden bei jedem Vorgang in der menschlichen Interaktion und jedem wirtschaftlichen Ablauf erzeugt. Egal ob zwei Menschen miteinander sprechen oder ob in einem Unternehmen eine Rechnung abgewickelt wird, es entstehen Daten, und die müssen verarbeitet werden. Beim Gespräch zweier Personen waren sie bislang in den meisten Fällen flüchtig. Immer häufiger werden diese Daten aufgezeichnet, wie der Alexa-Skandal von Amazon im April 2019 zeigt.

Die Dokumentation der Vorgänge in der Buchhaltung eines Großunternehmens führte im Laufe der Jahrzehnte bis vor kurzem zu kilometerlangen Schlangen von Ordnern. Die Auswertung der darin steckenden Informationen war so gut wie unmöglich. Die Digitalisierung macht es jetzt möglich, dass diese Daten aufgezeichnet, aufbereitet, analysiert und durch Algorithmen Schlüsse gezogen werden können. Nochmals Nick Srnicek: »Im 21. Jahrhundert wurde die Technologie, die nötig ist, um einfache Handlungen als Daten aufzuzeichnen, rasant billiger, und der Schritt zur digitalen Kommunikation machte Aufzeichnungen einfach. Neue große Felder potenzieller Daten eröffneten sich, neue Geschäftszweige entstanden, die diese Daten extrahierten und dafür einsetzten, Produktionsprozesse zu optimieren, Vorlieben von Konsument_innen zu erhellen, Arbeitnehmer_innen zu kontrollieren, neue Produkte und Dienstleistungen auf den Markt zu bringen und an Werbetreibende zu verkaufen.« [Srnicek-1, S. 43]

In den hochentwickelten Ländern wickeln die Internetnutzer immer mehr Aktivitäten über Rechner und das Internet ab. Mit den digitalen Systemen und Infrastrukturen können diese Aktivitäten umfassend dokumentiert werden, und dies geschieht auch. Die neue Geschäftsidee von Google ist es, Daten von Nutzern des Internets so aufzubereiten, dass sie sich für die Werbeindustrie ohne Streuverluste nutzen lassen. Dazu benötigen sie nicht in erster Linie den Namen oder die Adresse eines potenziellen Kunden oder einer Kundin. Es reicht aus, zu wissen, welches Geschlecht, welches Alter, welche Vorlieben ein Internetnutzer unter einer bestimmten IP-Adresse hat. Dann kann ihm an beliebigen Stellen im Netz Werbung zugespielt

werden. Vorlieben, Geschlecht und Alter lassen sich durch ›intelligente‹ Software leicht herausfinden, wenn nur jeder Klick, jede Such-
anfrage, der Besuch einer Seite dokumentiert und in Datenbanken
zur Auswertung bereitgestellt werden. Die Datenspuren lassen sich
im Internet gar nicht mehr vermeiden, es sei denn man meidet das
Internet komplett. Wann, wie viele und welche Daten abgegriffen
werden, decken jene Konzerne, die diese Daten verwenden, nicht
auf. Sie nutzen also Daten, die ihnen nicht gehören und verkaufen
sie in aufbereiteter und veränderter Form. Für manche Nutzer klingt
dies wie Hehlerei, und die Proteste gegen die Form der Aneignung
der Daten und der in ihnen steckenden Information sind ebenso berechtigt, wie auch der Versuch zur Gegenwehr durch Daten-
schutzbestimmungen notwendig ist. Internetkonzerne wie Google,
Facebook, Ebay, PayPal aber auch jede kleine im Internet agieren-
de Firma haben aus der Tugend, nachweisen zu müssen, was sie an
Daten sammeln, ein böses Spiel entwickelt. Bei jedem Aufruf einer
Webseite und dem Erwerb von Informationen und Dienstleistungen
werden die Internetnutzer*innen gezwungen, der Datensammel-
praxis und anderen Geschäftsbedingungen explizit zuzustimmen.
Entweder man drückt den ›akzeptiere‹-Button oder man erhält die
Dienstleistung nicht.

Die private Aneignung der Daten und deren informations-
technische Veredelung führen dazu, dass die Informationen, die
in diesen Vorgängen stecken, Eigentum einiger weniger Konzerne
werden. Damit wird allerdings auch das Wissen, das aus den Daten
geschöpft wird, immer mehr zum Eigentum der Datensammler. Sind
die Datensammler Staaten, reagieren die Nutzer*innen des Internets
zumeist kritisch bis ungehalten. Der vermutlich größte Teil des Wis-
sens aus den Daten des Internets liegt allerdings in den Datenbanken
und Rechenzentren der Internetkonzerne und diese sind nicht bereit, dieses Wissen preiszugeben. Da aber ›Wissen Macht ist‹, führt
diese Praxis zu einer eklatanten Benachteiligung derjenigen, die den
Zugriff auf Daten nicht mehr haben. Das Wissen, das in den Köpfen
von Ingenieur*innen und Wissenschaftler*innen steckte, wird priva-

tisiert. Hier noch ein praktisches Beispiel, das allerdings schon seit vielen Jahren praktiziert wird. Die Arbeitsergebnisse von Beschäftigten in den Konstruktionsabteilungen in der Fertigungsindustrie werden allesamt mit CAD, PDM/PLM-Lösungen bis ins Kleinste dokumentiert. Sie werden zum Unternehmenswissen.

8.
Perspektiven

Wir leben im Zeitalter der vierten industriellen Revolution immer noch in einer Ära, die vom Privateigentum an den Produktionsmitteln geprägt ist. Viele der in diesem Buch beschriebenen Probleme lassen sich ohne Überwindung des Kapitalismus nicht lösen. Das Hoffen auf einen Zusammenbruch des Systems oder dessen Auflösung durch Unterwanderung, wie es Erik Odin Wright vorschlägt, sind für mich fragwürdig. Der im Januar 2019 verstorbene, als Marxist bezeichnete US-amerikanische Wissenschaftler schrieb unter dem Titel ›Untergraben wir den Kapitalismus‹: »Wir brauchen reale Utopien. Anstatt den Kapitalismus durch Reformen ›von oben‹ zu zähmen oder mittels eines ›revolutionären Bruchs‹ zu zerschlagen, sollte, so der Kerngedanke, der Kapitalismus dadurch erodiert werden, dass in den Räumen und Rissen innerhalb kapitalistischer Wirtschaften emanzipatorische Alternativen aufgebaut werden und zugleich um die Verteidigung und Ausweitung dieser Räume gekämpft wird. Reale Utopien sind somit Institutionen, Verhältnisse und Praktiken, die in der Welt, wie sie gegenwärtig beschaffen ist, entwickelt werden können, die dabei aber die Welt, wie sie sein könnte, vorwegnehmen und dazu beitragen, dass wir uns in dieser Richtung voran bewegen.« [Wright-1]

Auch wenn es derzeit weder für einen Zusammenbruch des Kapitalismus noch für seine Beseitigung durch Unterwanderung eine Blaupause gibt, sind Menschen, die die aktuellen ungerechten Verhältnisse grundlegend ändern wollen, gezwungen, Handlungsoptionen voranzutreiben. Nick Srnicek bringt es auf den Punkt: »Ich glaube, dass die Überführung dieser Firmen in einen irgendwie gearteten öffentlichen Besitz die Ideallösung wäre. Aber sobald man das sagt, gerät man in ziemliche Schwierigkeiten: Google oder Amazon dem Staat unterstellen, wie soll das technisch, ökonomisch und rechtlich funktionieren? Ich denke jedenfalls, wir müssen darüber sehr ernsthaft nachdenken und neue Modelle entwickeln, wie eine öffentliche, gemeinnützige Kontrolle aussehen könnte. Das Thema drängt, aber die Diskussion hat noch gar nicht richtig begonnen.« [Srnicek-2]

Die nachfolgend genannten Punkte können gar nicht vollständig sein, sondern nur eine Ansammlung von Denkanstößen darstellen.

Handlungsoptionen auf internationaler und nationaler Ebene
- Aufspaltung der größten Internetkonzerne in kleinere Einheiten.
- Aufspaltung des Eigentums von Datenbanken und Prozessorleistungen; so wie es in bestimmten Ländern eine Trennung von Energieerzeugern und Betreibern von Leitungsnetzwerken gibt.
- Öffnung der Datenbanken der Plattform Industrie für den Zugriff durch demokratisch legitimierte und öffentlich kontrollierte staatliche Institutionen und durch Organisationen der Zivilgesellschaft. Jedes Land muss das Recht bekommen, über die Art der Datenspeicherung und -verarbeitung Bestimmungen zu erlassen, die im Streitfall durch einen UN-Gerichtshof durchgesetzt werden können.
- Überführung der Infrastrukturen des Internets in öffentliches Eigentum; so wie es noch bis vor einigen Jahren für Wasser, Strom, Straßen und Eisenbahnen galt.
- Erstellung von UN-Konventionen zu Fragen der Ethik von IT-Anwendungen sowie zu Forschung und Entwicklung im Bereich der KI und zu deren Einsatz.

Handlungsoptionen auf betrieblicher Ebene
und bei Beschäftigungsverhältnissen
- Aktualisierung und Erweiterung der Mitbestimmung der Beschäftigten in allen Betrieben in Bezug auf den Einsatz von KI und bei der Einführung neuer Geschäftsmodelle.

- Gesetzliche Regelungen sogenannter ›freier‹ Arbeitsverhältnisse, die im Rahmen der Digitalisierung ermöglicht wurden. Dort müssen allgemeinverbindliche tarifliche Mindestanforderungen durchgesetzt werden.
- Zusammensetzung von Beratungsgremien der Regierung, entsprechend der gesellschaftlichen Repräsentation der Betroffenen. Konkret: Mitglieder der Gremien aus Arbeitnehmerverbänden (Gewerkschaften) und aus der Zivilgesellschaft müssen den Vertreter*innen aus Wirtschaft und Thinktanks quantitativ und qualitativ mindestens gleichgestellt werden.

Was tun?

- Ein konsequentes Eintreten in der Öffentlichkeit und vor allem in den Gewerkschaften für eine Verkürzung der Arbeitszeit bei vollem Lohn- und Gehaltsausgleich.
- Ein konsequentes Eintreten für soziale Gerechtigkeit über Branchen und einzelne Wirtschaftszweige hinweg. Bei allen Änderungen, die durch Automatisierungsmaßnahmen erfolgen, muss das Solidaritätsprinzip eingehalten werden. Die Betroffenen dürfen sich nicht gegeneinander ausspielen lassen. Diese Gefahr besteht aber, wenn sich einzelne Berufsgruppen, Betriebe, Branchen in eigennützigen Einzelaktionen Vorteile auf Kosten anderer verschaffen wollen. Dies ist unbestreitbar eine große Herausforderung für die Gewerkschaften und linke Organisationen.
- Internationalistisches Denken und Handeln. Da sich Automatisierung und Digitalisierung global auswirken, müssen auch globale Ausgleichsmaßnahmen getroffen werden.
- Linke Kräfte müssen sich in Breite und Tiefe des Themas mehr Kompetenz aneignen. Es reicht nicht aus, sich nur um Einzelaspekte wie die Datenschutz-Grundverordnung (DSGVO) oder Upload-Filter zu kümmern. Die Profiteure, nämlich die Konzerne, müssen als Gegner benannt werden. Aktionen müssen eine antikapitalistische oder zumindest ›antimonopolistische‹ Stoßrichtung annehmen.

Nachwort

Dieses Buch ist keine wissenschaftliche Arbeit im Sinne einer langjährigen systematischen Forschung. Es ist entstanden aus den Erfahrungen von 40 Jahren beruflicher Tätigkeiten an der Universität sowie in verschiedenen großen und mittelständischen Firmen als Softwareentwickler, Team- und Projektleiter, Marketing Manager sowie als Dozent, Betriebsrat und aktiver Gewerkschafter. Von Haus aus bin ich Informatiker. 1971 gehörte ich zum ersten Jahrgang, der an der neu gegründeten Fakultät für Informatik der Uni Karlsruhe dieses Fach studieren konnte.

Politisch ›aufgewachsen‹ bin ich bei den sogenannten ›gewerkschaftlich Orientierten‹ der Studierendenbewegung in den 1970er Jahren. Das waren Hochschulgruppen aus dem sozialistischen und marxistischen Spektrum, die ihr Studium mit der Frage verbanden, wem Wissenschaft nutzt und welche Rolle sie selbst im Berufsleben innehaben. Sie sahen sich in ihrer künftigen beruflichen Rolle als Lohnarbeitende vor allem in den technischen Disziplinen und als Zugehörige einer Gruppe der Beschäftigten, die in einem gleichen Abhängigkeitsverhältnis stehen wie die Hand- und Muskelarbeiter*innen.

Technische Hochschulen, wie die Universität Karlsruhe, galten als unpolitisch. Das war nur vordergründig richtig. Die Diskussionen drehten sich weniger um philosophische oder soziologische Fragen. Sehr intensiv wurde dagegen über die Verantwortung von Ingenieur*innen für ihr Tun bzw. die Rolle der Wissenschaft in der Gesellschaft und bei der Produktivkraftentwicklung diskutiert. Dies erfolgte über die Grenzen der Fakultäten hinweg. Maschinen-

bauer*innen und Informatiker*innen diskutierten zum Beispiel
heftig darüber, wie stark die Informatik die Arbeit von Konstruk-
teur*innen verändern oder sogar überflüssig machen könnte. Diese
Diskussionen gingen über den Campus hinaus. In einem ›Arbeitskreis Rationalisierung‹ wurden Themen wie Automatisierung und
›Auswirkungen der IT in der Arbeitswelt und in der Fabrik‹ regel-
mäßig auch mit Betriebsräten und Mitgliedern der IG Metall diskutiert.

* * *

Ich danke allen meinen Freundinnen und Freunden, mit denen ich
in den letzten Jahren und vor allem Monaten über diese Themen dis-
kutieren konnte, vor allem aber meiner Frau Regina, die mir eine ste-
tige und oft spontane Gesprächspartnerin war. Ein besonderer Dank
gilt meinem Sohn Moritz, der das ganze Buch gelesen und mit kritischen und manchmal sarkastischen Anmerkungen zur vorliegenden
Fassung beigetragen hat.

Begriffe

Big Data | Der aus dem Englischen stammende Begriff steht für sehr große Datensammlungen, die aber kaum strukturiert sind und deshalb von Menschen kaum interpretiert werden können. Durch Methoden aus der IT werden sie analysiert und strukturiert, um sie wirtschaftlich zu nutzen.

CAD | Computer Aided Design Systeme sind IT-Lösungen vorwiegend für den Maschinenbau. Sie lösten in den 1970er Jahren die Zeichenbretter in den Konstruktionsabteilungen ab. Heute sind spezialisierte Nachfolgesysteme auch in der Elektrotechnik- und Elektronik-Entwicklung im Einsatz.

Cloud | Bezeichnet nichts anderes als große Rechnernetzwerke. Sie dienen zur Speicherung und Verwaltung von Daten. In der Regel ermöglichen ihre Eigentümer unterschiedlichen Nutzern die Möglichkeit, Daten zu handhaben, ohne dafür eigene Infrastrukturen bereitstellen zu müssen. Diese Nutzer leihen sich quasi Speicherraum je nach Bedarf und beauftragen den Betreiber einer Cloud, für die Sicherheit der Daten und den immerwährenden Zugriff auf sie Sorge zu tragen.

Cyber Physikalische Systeme oder Cyber Physische Systeme (CPS) | Software- und Hardwaresysteme, die unter Verwendung mechanischer Komponenten, elektrotechnischer Einheiten, elektronischer Steuerungen, Software und Datenbanken über das Internet bzw. Cloud-Techniken gekoppelt werden.

Digitalisierung | Technisch bedeutet Digitalisierung die Erfassung, Aufbereitung und Verarbeitung von Informationen mit technischen Systemen (Computern). Ökonomisch und politisch betrachtet bedeutet Digitalisierung die Nutzung dieser Techniken zur Automatisierung und Prozessoptimierung. Unter den herrschenden gesellschaftlichen Bedingungen ist dies verbunden mit einer Erhöhung der Profite der Unternehmen, die Waren oder Dienstleistungen produzieren bzw. bereitstellen.

Digitale Plattform | Der Begriff ist nur vage definiert. Er steht für ein Online-Softwaresystem, in dem verschiedene Funktionen baukastenartig miteinander kombiniert werden. Diese können dabei einzeln genutzt werden. Das Ziel ist aber die Kombination der Nutzung unterschiedlicher Funktionen durch viele Anwender. Diesen wird versprochen, dass ein zusätzlicher, vor allem wirtschaftlicher, Nutzen entsteht. (siehe auch Plattformökonomie)

Digitale Industrie / Internetindustrie | siehe Plattformindustrie

Digitale Transformation | Die Gesamtheit der durch die Digitaltechniken verursachten wirtschaftlichen, gesellschaftlichen, sozialen Veränderungen und damit auch der Wandel in den Beziehungen zwischen einzelnen Menschen und gesellschaftlichen Gruppen. Der Begriff Transformation ist eine Formulierung der Kapitalseite. In der neutral klingenden Form verschleiert er Interessengegensätze.

Disruption | Disruption ist ein Prozess, bei dem ein bestehendes Geschäftsmodell oder ein gesamter Markt durch eine Innovation abgelöst beziehungsweise zerschlagen wird. Der Begriff leitet sich von dem englischen Wort disrupt (zerstören, unterbrechen) ab und beschreibt einen Vorgang, der vor allem mit dem Umbruch der Digitalwirtschaft in Zusammenhang gebracht wird: Bestehende, traditionelle Geschäftsmodelle, Produkte, Technologien oder Dienstleistungen werden von innovativen Erneuerungen abgelöst und teilweise vollständig verdrängt. Insbesondere in der Start-up-Szene ist der Begriff Disruption eine beliebte Vokabel, da er das neuartige Geschäftsmodell eines Gründers zum Ausdruck bringen soll.

eGovernment | Darunter ist ganz allgemein die Veränderung von Behördenvorgängen durch gezielten Einsatz der Informationstechnik zu verstehen. Im Besonderen geht es um die Optimierung von Arbeitsabläufen sowie einen besseren Austausch von Informationen zwischen Behörden in Staat, Land und Kommune.

Enterprise Ressource Planning (ERP) | Softwaresysteme zu Planung und Überwachung sämtlicher Ressourcen, die bei der Fertigung von Produkten eingesetzt werden. Dazu gehören u. a. Material, Energie, Menschen und Kapital. Ziel ist eine Optimierung und Rationalisierung der Betriebsabläufe in einem Fertigungsunternehmen. ERP-Systeme sind Voraussetzung für Industrie-4.0-Lösungen.

Industrie 4.0 / Industrie-4.0-Lösungen | Einsatz der Mittel der IT-Technik zur Rationalisierung der gesamten Betriebsabläufe und Ressourceneinsätze bei der industriellen Fertigung von Waren. Dabei geht es nicht nur um die Optimierung des Arbeitsablaufes in der Fertigungshalle, sondern auch um die Entwicklung von Produkten, den Vertrieb und Service sowie die Beschleunigung und Optimierung der Abläufe im Personalwesen, der Auftragsabwicklung und der Buchhaltung. Auch die Optimierung von Lieferantenketten und der Logistik zählen zu Industrie 4.0, ebenso neue Geschäftsmodelle wie vorausschauende Wartung.

Internet of Things (IOT; dt.: Internet der Dinge) | Unscharfe Beschreibung für das Zusammenwirken von technischen Komponenten, Algorithmen und Daten über das Internet.

Künstliche Intelligenz (KI) | Teil der Digitalisierung. Es gibt keine klare Definition von Intelligenz, geschweige denn von Künstlicher

Intelligenz. Häufig wird deshalb KI an Hand von Beispielen erklärt.
KI besteht im Wesentlichen aus Software mit komplexen Algorithmen unter Verwendung großer Datenmengen (Big Data) und unter
Einbeziehung von Sensoren und Nutzung von Aktoren zur Steuerung von mechanischen Einheiten, Regelung von mechanischen,
elektrotechnischen und elektronischen Systemen. Hiermit lassen
sich menschliche Denkabläufe unter Nutzung leistungsfähiger
Datenbanken und gigantischer Rechnerleistungen imitieren.

Manufacturing Execution System (MES) | Softwaresystem zur
Steuerung und Überwachung der Produktion sowie zur automati-
schen Rückmeldung der Daten von Produktionsmitteln (Maschinen,
Förderfahrzeugen, Energieverbräuchen) in eine Fertigungsleitzen-
trale. Auch MES-Systeme sind Voraussetzung für Industrie-4.0-
Lösungen.

Maschinen-Lernen oder Maschinelles Lernen | Unterdisziplin der
Künstlichen Intelligenz. Es beinhaltet das automatische Erkennen,
Klassifizieren und Systematisierung von Messergebnissen oder al-
gorithmischen Resultaten. Diese werden zur Optimierung von Algorithmen rückgekoppelt, wobei ein Algorithmus automatisch verändert (optimiert) wird.

Neuronale Netze | In der Biologie sind Neuronen Nervenzellen.
Neuronale Netze sind also Nervensysteme. Übertragen auf die Digitaltechnik sind Neuronale Netze kombinierte dezentral arbeiten-
de Software- und Hardwaresysteme, die jeweils spezielle Aufgaben
erfüllen. Sie arbeiten unter Verwendung komplexer Algorithmen,
die in der Lage sind, die Ergebnisse eines Durchlaufs als hilfreich,
nicht wirkungsvoll bzw. als negativ zu klassifizieren. Hierbei verwenden sie Methoden aus der Mathematik, Statistik und Wahrschein-
lichkeitstheorie sowie Datenbanken, Sensoren und Aktoren. Hiermit lässt sich menschliches Lernen unter Nutzung leistungsfähiger
Datenbanken und gigantischer Prozessorleistungen imitieren.

Ökosysteme | Der Begriff stammt ursprünglich aus der Ökologie und bezeichnet ein System, in dem verschiedene Lebewesen (Pflanzen und Tiere) in einem gemeinsamen Lebensraum gut zusammenleben. Er wurde von der Wirtschaft übernommen und auf das Zusammenarbeiten von Unternehmen im Sinne einer optimalen Wertschöpfung und höherer Profite übertragen.

Plattformökonomie (auch Digitale Industrie / Internetindustrie) | Darunter versteht man in der Regel speziell den Bereich der Wirtschaft, der über das Internet Waren und Dienstleistungen aller Art anbietet und aktiv vermarktet. In der Plattformökonomie werden aber nicht nur Anbieter und Kunden über das Internet zusammengebracht. Mehrere Anbieter schließen sich zusammen, um durch die Kombination ihrer Dienste für Kunden ein Optimum an Nutzen und für sich ein Optimum an Profit zu erzielen. Zu den bekanntesten Unternehmen der Plattformökonomie zählen Handelsunternehmen wie Amazon oder Zalando; Fahrdienstanbieter wie Uber oder Flixbus sowie Crowdwork-Anbieter, aber auch Amazon, Youtube, Google etc. Ein Beispiel für das kombinierte Vorgehen von unterschiedlichen Anbietern ist die Kooperation von Landmaschinenherstellern und Saatgutunternehmern.

Plattform Industrie 4.0 | Netzwerk von Vertretern aus Wirtschaft und Politik, um die Digitalisierung in der Produktion voranzubringen. Beteiligt an dem Netzwerk sind neben dem Bundesministerium für Wirtschaft und Energie (BMWE) und dem Bundesministerium für Bildung und Forschung (BMBF) Vertreter der Industrie, Interessenverbände der Industrie wie Bitkom und der Verband Deutscher Maschinen- und Anlagenbau (VDMA).

Predictive Maintenance | Verfahren, bei dem durch den Einsatz von IT- und Kommunikationstechniken Störungen an technischen Infrastrukturen festgestellt werden, bevor der Ausfall von Komponenten tatsächlich eintritt. Dies geschieht durch Sensoren, die technische Anlagen überwachen und mit den vom Ersteller einer Maschine vorgegebenen Leistungsvorgaben vergleichen. Abweichungen werden automatisch an eine Einsatzzentrale weitergemeldet. Ziel sind die Reduzierung der Wartungs- und Servicekosten sowie die Sicherstellung einer maximalen Verfügbarkeit technischer Infrastrukturen.

Produktdatenmanagement / Produkt Lifecycle Management (PDM / PLM) | Softwaresysteme zur Speicherung aller Informationen bezüglich eines Produkts, das gefertigt werden soll. Zu diesen Informationen gehören Daten wie CAD-Modelle, Stücklisten, Verwendungsnachweise, NC-Programme, aber auch Dokumente aller Art wie Spezifikationen, Projektunterlagen, E-Mails, die während des kompletten Lebenszyklus eines Produkts von der ersten Idee, der Konstruktion, Fertigung sowie der Pflege und im Service von Anlagen, Maschinen und Maschinenkomponenten anfallen. PDM/PLM-Systeme sind Voraussetzung für Industrie-4.0-Lösungen.

Radio frequency identification (RFID) | Technik, mit der beliebige Objekte mittels sehr kleiner Sender identifiziert und lokalisiert werden. Dies geschieht berührungslos über Datenfunk. Sowohl technische Objekte als auch Lebewesen können mit RFID überwacht und gesteuert werden.

Release, Releasestand | In der Softwareindustrie wird unter Release eine Version eines Softwaresystems verstanden, das zum Verkauf freigegeben wurden. Durch Fehlerkorrekturen und Erweiterungen wird es nach Prüfung erneut freigegeben. Es erhält dabei eine Versionskennung, um es von der Vorgängerin zu unterscheiden.

Sensoren / Aktoren | Sensoren sind Systeme zur Erfassung der physikalischen Beschaffenheit einer natürlichen Umwelt. Um diese Beschaffenheit auszudrücken und weiter verarbeiten zu können, wird sie in Messwerten skaliert. Einheiten für typische physikalische

Messwerte sind Temperatur, Lautstärke, Luft- oder Bodenfeuchtigkeit. Sensoren im digitalen Sinn sind aber auch Systeme wie Kameras, die Farben erkennen und Bilder interpretieren können, wie zum Beispiel lachende, traurige, zornige oder müde Gesichter. Aktoren sind Technische Komponenten, die elektronische Signale in mechanische Bewegungen umsetzen. Es können zum Beispiel Motoren sein, die auf Grund der Helligkeit einen Rolladen öffnen oder schließen.

Skill | Fähigkeiten oder Kompetenzen von Einzelpersonen, die für bestimmte Aufgaben oder Tätigkeiten eignen oder auch nicht. In aller Regel werden damit Eigenschaften bezeichnet, die aus wirtschaftlicher Sicht besonders wichtig sind.

Smart | Inflationär gebrauchter Begriff in Zusammenhang mit der IT-Technik für ›intelligent‹ oder ›schlau‹. Er wird vor allem dort benutzt, wo bestimmte Leistungsmerkmale erhöht, die Bedienführung einfacher gestaltet oder ganz neue Features für ein technisches Produkt oder eine Lösung eingeführt wurden.

Smart City | Begriff, unter dem digitale Dienste einer Stadtverwaltung zusammengefasst werden. Er umfasst Dienste für die Bürger*innen einer Kommune sowie Maßnahmen, um Verwaltungsprozesse durch den Einsatz von IT-Techniken effizienter abzuwickeln.

Tensor Processing Units (TPU) | Spezielle von Google entwickelte Prozessoren, die das Unternehmen für seine KI-Projekte und Software-Systeme einsetzt.

Quellen

Bei Online-Quellen wird der Name der Homepage angegeben sowie der Titel der entsprechenden Seite bzw. des referenzierten Titels sowie das Datum der Publikation, falls dort angegeben. Die vollständigen URLs liegen Autor und Verlag vor. Die Seiten wurden abgerufen im Zeitraum 2018/19.

2. Etappen der industriellen Revolution

[ARD-1] Homepage PlanetWissen, 2019: Das Fließband, eine Erfolgsgeschichte
[Marx-1] Karl Marx: Das Kommunistische Manifest, in: Marx/Engels: Ausgewählte Werke, Band 1, Frankfurt a. M. 1970, S. 415ff

3. Die vierte industrielle Revolution

3.1 Neue Techniken, neue Produktionsverhältnisse, neue Machtstrukturen

[BITKOM-1] Bundesverband Informationswirtschaft, Telekommunikation und neue Medien e. V.: Geschäftsmodelle in der Industrie 4.0 Chancen und Potentiale nutzen und aktiv mitgestalten, Bitkom e. V., Berlin 2017
[FAZ-1] FAZ Online, 31.3.2018: Digitaler Boom für die Berater
[MM-1] Manager Magazin Online, 21.12.2017: Uber muss Geschäftsmodell in Europa ändern
[NZZ-1] Neue Zürcher Zeitung Online, 7.3.2018: Wie viel verdient ein Uber-Fahrer?
[PwC-1] Homepage PricewaterhouseCoopers GmbH: Private Equity setzt auf digital: Analoge Unternehmen verlieren den Zugang zu Kapital
[SPIEGEL-1] Spiegel Online, 9.6.2016: Uber verlieret vor Gericht – und nun?
[TA-Zürich-1] Tagesanzeiger Online, 20.5.2016: Wie viel verdient ein Uber-Fahrer?
[Telekom-1] Homepage Telekom: Firmen lassen sich bei der Digitalisierung helfen
[T3N-1] t3n Online, 14.2.2018: Was Uber wirklich verdient

3.2 Das Digitalisierungsprogramm der Bundesregierung

[ACATECH-1] Ruth Federspiel, Samia Salem, Gründungsgeschichte der Deutschen Akademie der Technikwissenschaften, Stuttgart 2007
[ACATECH-2] Homepage acatech: Satzung der acatech
[ACATECH-3] Homepage acatech: Industrie 4.0

[ÄZ-1] Ärzte-Zeitung Online, 13.11.2018: Der Gesundheitsminister will das digitale Rezept

[BMBF-1] Homepage Bundesministerium für Bildung und Forschung: Zukunftsinvestitionen in Bildung und Forschung

[BMBF-2] Homepage Bundesministerium für Bildung und Forschung, Innovationen für Deutschland / Projekte

[BMBF-3] Homepage Bundesministerium für Bildung und Forschung Homepage: Deutschlands Beteiligung an Horizont 2020

[BMWE-1] Homepage Bundesministerium für Wirtschaft und Energie: Haushalt 2017 / Einzelplan 09

[BMWE-2] Homepage Bundesministerium für Wirtschaft und Energie: Dynamische Wirtschaftspolitik für ein dynamisches Wachstum

[BMWE-3] Bundesministerium für Wirtschaft und Energie (Hg.): Industrie 4.0 Ergebnispapier 2016-2017, Berlin 2017 (Dezember)

[BMWE-4] Bundesministerium für Wirtschaft und Energie (Hg.): Die digitale Transformation im Betrieb gestalten, Berlin 2017 (März)

[BMWE-5] Homepage Bundesministerium für Wirtschaft und Energie: Plattform Industrie 4.0, Drei Fragen an Constanze Kurz

[BMWE-6] Homepage Plattform Industrie 4.0: Interview mit Martin Kamp

[BMWE-7] Bundesministerium für Wirtschaft und Energie (Hg.), Nationale Industrie 2030, Strategische Leitlinien für eine deutsche und europäische Industriepolitik

[IA-1] Homepage Industrieanzeiger, 14.4.2018: Neue Arbeitsgruppe für digitale Geschäftsmodelle

[Sendler-1] Ulrich Sendler: Das Gespinst der Digitalisierung, Wiesbaden 2018

[VDIN-1] VDI Nachrichten, Ausgabe 1.4.2011

3.3 Digitalisierung und Künstliche Intelligenz

[ARD-2] Tilman Wolff / Ranga Yogeshwar: Der große Umbruch, Sendetermin: 8.4.2019

[ARD-3] Homepage ARD: Künstliche Intelligenz – Goldene Zeiten oder Robokalypse?

[ARD-4] Homepage ARD: Paradies oder Robokalypse?, Sendetermin 15.4.2019

[BOSCH-1] Homepage Bosch, 15.3.2017: Künstliche Intelligenz: Bosch bringt dem Auto das Lernen und kluges Handeln bei

[BR-1] Homepage Bayerischer Rundfunk, 12.2.2019: Airbus für künstliche Intelligenz

[EU-1] European Commission: Ethics Guidelines for thrustworthy AI, Brüssel 2019

[FAZ-2] FAZ Online, 19.11.2018: Die Hälfte der Deutschen weiß nicht, was KI ist

[Forschungsgipfel-1] Homepage Forschungsgipfel 2019

[MLWP-1] Marxistisch-Leninistisches Wörterbuch der Philosophie, Bd. 2, Reinbek 1972, S. 531 f.

[Klaus-1] Heise Online, 28.12.2012: Demokratie ist eine Frage der Rückkoppelung: Zum 100. Geburtstag von Georg Klaus

[Klaus-2] Kybernetik und Erkenntnistheorie, Berlin 1972

[HEISE-1] Heise Online, 7.12.2017: Künstliche Intelligenz: AlphaZero meistert Schach, Shogi und Go

[WELT-1] Welt Online, 1.8.2018: Wer profitiert von künstlicher Intelligenz

3.4 Die Digitalisierung der Fabrik

[ADIDAS-1] Homepage 3D-grenzenlosmagazin Online: Adidas Speedfactory

[ADIDAS-2] Homepage Welt Online, 20.8.2017: Adidas fährt Produktion in »Speedfactory« hoch

[IAB-1] Homepage des Instituts für Arbeitsmarkt- und Berufsforschung der Bundesagentur für Arbeit

[ILO-1] Jae-Hee Chang / Phu Huynh / Gary Rynhart (International Labour Office / Bureau for Employers' Activities, ACT/EMP): ASEAN in transformation: Textiles, clothing and footwear: refashioning the future

[Bendeich-1] Stefan Kühner: Kostenmanagement in Produktentwicklung und Konstruktion, in: Eugen Bendeich (Hg.): Kostenmanagement in Entwicklung und Konstruktion, Würzburg 2019, S. 145-161.

[MB-1] Stefan Kühner: Die Automobilindustrie und ihre Zulieferer, in: Marxistische Blätter, Ausgabe 01/2019

[statista-1] Wertschöpfungsanteil der Automobilzulieferer am weltweiten Automobilbau

3.5 Die Digitalisierung des Autos

[AAN-1] Aachener Nachrichten Online, 23.11.2018: Arbeiten im digitalen Wandel

[AI-1] Automobilindustrie; Engineering Dienstleister, 2019

[AP-1] Die Zukunft des Automobilservice, Ausgabe 02/2017, S. 56 ff

[BMW-1] Homepage BMW: BMW Connected Drive

[CG-1] Homepage Capgemini: Automotive Smart Factory, Report 2017

[DB-1] Eric Heymann / Janina Meister / Stefan Schneider (Hg.): Das digitale Auto, in: Deutsche Bank Research Management, Frankfurt a. M. 2017

[HB-1] Handelsblatt Online, 9.10.2018: Microsoft steigt beim asiatischen Uber-Konkurrenten Grab ein

[IGM-4] Homepage IG Metall Baden-Württemberg: Autobranche vor großem Wandel

[DAIMLER-1] Homepage Daimler: Factory 56 – Der Erfinder des Automobils erfindet die Produktion neu

[DAIMLER-2] Homepage Daimler, 15.11.2018: Mercedes-Benz Cars steigert mit »Factory 56« Flexibilität und Effizienz

[statista-2] Umsatz der Automobilindustrie in Deutschland in den Jahren 2005 bis 2017

[VDA-1] Homepage Verband Deutsche Automobilindustrie: Zahlen und Fakten

[VDA-2] Verband Deutsche Automobilindustrie: Automotive Entwicklungsdienstleistung, Materialien zur Automobilindustrie, März 2015, Bd. 48

3.6 Die Digitalisierung der Medien
[DG-1] Homepage Digital Guide/1&1: Die beliebtesten Suchmaschinen im Überblick
[Wikipedia-4] Homepage Wikipedia: Geschichte und Entwicklung von Wikipedia
[Wikipedia-5] Homepage Wikimedia: Deutschland
[statista-10] Informationskanäle zu politischen Themen und zum politischen Tagesgeschehen
[CB-1] Homepage Computerbase: Soziale Netzwerke nicht die bevorzugte Informationsquelle

3.7 Die Digitalisierung der Gesundheit
[AOK-1] Homepage AOK Bundesverband: Die elektronische Gesundheitskarte ist gescheitert
[UZ-1] Unsere Zeit Online, 4.11.2016: Microsoft Revolution
[HB-2] Handelsblatt Online, 31.1.2019: Spahn entmachtet Kassen und Ärzte bei der Digitalisierung
[Spiegel-3] Spiegel Online, 21.06.2019: Spahn will Vergütung für neuen Topmanager verdoppeln
[statista-7] Statistiken zum Thema Krankenhaus, 13.11.2018
[Faz-4] FAZ Online, 4.2.2019: Profiteur der Digitalisierung des Gesundheitswesens
[FAZ-5] FAZ Online, 13.11.2018: Das Rezept kommt bald auf das Smartphone
[Focus-1] Focus Online, 14.9.2017: Warum die Gesundheitskarte nicht vorankommt
[Fresenius-1] Homepage Fresenius, 22.2.2017: 13. Rekordjahr in Folge
[HBS-1] Bräutigam, Christoph et. al: Digitalisierung im Krankenhaus, in: Hans-Böckler-Stiftung, Studie 364, Düsseldorf 2017 (PDF unter: www.boeckler.de)
[MB-2] Rudolf Bauer: Zu Risiken und Nebenwirkungen der Digitalisierung im System der Krankenversorgung, in: Marxistische Blätter, Ausgabe 5/2017
[MCK-1] Homepage McKinsey, 26.9.2018: Digitalisierung im Gesundheitswesen: die 34-Milliarden-Euro-Chance für Deutschland

3.8 Digitalisierung der öffentlichen Verwaltung
[FDP-1] Homepage FDP Helmstedt: FDP fordert schlanken Staat
[DGB-2] Digitalisierung im öffentlichen Dienst – Auswirkungen aus Sicht der Beschäftigten, DGB-Bezirk NRW, Düsseldorf 2018
[Vogel-1] Homepage Vogel IT-Medien: Was ist eine Smart City?
[I-D21] Initiative D-21: e-Government Monitor 2018
[Bundesregierung-1] Homepage Bundesregierung: Verwaltung Innovativ
[BMI-1] Homepage Bundesministerium des Innern, für Bau und Heimat: eGovernment
[BMI-2] Homepage Bundesministerium des Innern, für Bau und Heimat: Föderales Informationsmanagement
[VERDI-2] Homepage ver.di: Digitalisierung: Neue Freiheit oder moderne Knechtschaft

3.9 Die Digitalisierung der Landwirtschaft
[BAYER-1] Homepage Bayer Crop Science: Reif für Robotik
[BBV-1] Homepage Bayerischer Bauernverband: Bäuerliche Land- und Forst-
wirtschaft 4.0
[DBV-1] Deutscher Bauernverband: Landwirtschaft 4.0 – Chancen und Hand-
lungsbedarf. Positionspapier des Präsidiums des DBV vom 13.9.2016
[HB-3] Handelsblatt Online, 16.1.2014: Die Revolution hat gerade erst begonnen
[MediaPlanet-1] Mediaplanet Online: Landwirtschaft 4.0
[Inkota-1] Inkota Newsletter 5/2018: Das neue Gold der Agrar-Konzerne.
[Inkota-2] Inkota Homepage, 9.10.2013: Alarmierende Studie: Alternativer No-
belpreisträger warnt vor einer Verschärfung der Konzernmacht durch die Di-
gitalisierung der Landwirtschaft
[Moony-1] Pat Moony: Blocking the Chain, Berlin / Val David 2018
[Uni Hohenheim-1] Homepage Universität Hohenheim: Zukunftsthema Land-
wirtschaft 4.0
[Wiggerthale-1] Homepage Oxfam: Marita Wiggerthale: Farm Tech – Trends,
Risiken und Chancen
[Wildretter-1] Homepage Wildretter: ISA, CLAAS, DLR, TUM, BJV, ZENTEC
bilden eine starke Allianz

3.10 Die Digitalisierung des Einzelhandels
[Amazon-1] Homepage Youtube: Amazon Geschäftsführer Ralf Kleber über die
Zukunft
[DGB-3] Homepage DGB: Ex und hopp: prekäre Paketzustellung
[FAZ-6] Frankfurter Allgemeine Sonntagszeitung, 11.11.2018: Paketboten am
Limit
[FN-1] Homepage Finanzen.net: Pro7Sat1 kauft Verbraucherportal Verivox
[HB-4] Handelsblatt Online, 25.6.2018: Wie Amazons Deutschland-Chef Ralf
Kleber die Deutsche Post das Fürchten lehrt
[HB-5] Handelsblatt Online, 8.11.2018: Parship darf sich nicht mehr »Deutsch-
lands größte Partnervermittlung« nennen
[MM-2] Manager Magazin Online, 5.9.2016: ProSieben macht jetzt auch Part-
nervermittlung
[statista-6] So mächtig ist Amazon in Deutschland, 7.11.2018
[SDZ-1] Süddeutsche Zeitung Online, 14.12.2018: Scout-24 im Visier von In-
vestoren
[T3N-2] t3n digital Pioneers Online: Amazon überrollt mit 20.000 Lieferfahr-
zeugen die Paketdienste
[VERDI-1] Homepage ver.di: Amazon: Lohndrücker der Branche
[Wikipedia-2] Wikipedia Homepage: ProSiebenSat.1 Media

3.11 Die Digitalisierung der Finanzwirtschaft
[Auern-1] Georg Auernheimer: Globalisierung, Köln 2019
[BVB-1] Homepage Bundesverband deutscher Banken e. V.
[FAZ-7] FAZ Online, 16.3.2016: Bargeld, Banken und Betrüger

[FAZ-8] FAZ Online, 8.11.2018: Kein Staatsmonopol für Zahlungssysteme
[FAZ-9] FAZ Online, 1.10.2018: Was Amazon von seiner neuen Kreditkarte für Prime-Kunden hat
[Marx-1] Karl Marx: Das Kapital, Bd. III, S. 607-626, Berlin/DDR 1983
[Rügemer-1] Werner Rügemer: Die Kapitalisten des 21. Jahrhunderts, Köln 2018
[SPIEGEL-2] Spiegel Online, 1.2.2018: Ebay trennt sich von Paypal
[statista-9] Anteil der Nutzer von Online-Banking in Deutschland in den Jahren von 1998 bis 2018
[statista-3] Mitarbeiteranzahl der Postbank in den Jahren von 1998 bis 2017
[statista-4] Mitarbeiteranzahl der Commerzbank von 2008 bis 2017
[statista-5] Entwicklung der Mitarbeiterzahl der Deutschen Bank in den Jahren von 2006 bis 2017
[Weinhardt-1] Meyer zu Selhausen, Hermann / Morlock, Martin / Weinhardt, Christof: Informationssysteme in der Finanzwirtschaft, Heidelberg / New York 1998
[WELT24-1] Welt Online, 26.6.2018: So gut funktioniert Google Pay wirklich
[Wikipedia-1] Homepage Wikipedia: Blackrock

4. Arbeiten in der vierten industriellen Revolution

[BEXIO-1] Homepage Bexio: Stress am Arbeitsplatz? Muss nicht sein!
[FAZ-11] FAZ Online, 16.1.2016: Millionen Jobs fallen weg
[FCW-1] Homepage Fair Crowd Work: Die Frankfurter Erklärung zu plattform-basierter Arbeit
[HEISE-3] Heise Online, 7.9.2017: Künstliche Intelligenzen nehmen doch keine Arbeitsplätze weg
[ILO-2] Jae-Hee Chang / Gary Rynhart / Phu Huynh (International Labour Organization): ASEAN in Transformation, Genf 2016
[ILO-3] Homepage ILO: Digital Labour Platforms
[Karriere-Magazin-1] Homepage onlinemarketing.de: Künstliche Intelligenz schafft Jobs: Der neue Kollege am Arbeitsplatz
[SWISSFORUM-1] Homepage swissinfo.ch, 20.1.2016: In Davos steht die 4. Industrierevolution zur Debatte
[WEF-1] Homepage World Economic Forum, 31.8.2016: This skill could save your job – and your company
[WEF-2] Homepage World Economic Forum: The Future of Jobs Report 2018
[WSM-1] Wallstreet Online, 8.2.2019: Die Arbeit wird agil! Hurra?

5. Digitalisierung und Gesellschaft
5.1 Digitalisierung und Überwachung

[Bundesregierung-1] Homepage Bundesregierung: Strategie Künstliche Intelligenz der Bundesregierung Stand, November 2018
[BfV-1] Homepage Bundesamt für Verfassungsschutz: Was genau macht der Verfassungsschutz
[BfV-2] Homepage Bundesamt für Verfassungsschutz: Rede von BfV-Präsident Dr. Maaßen auf dem 21. Europäischen Polizeikongress am 7.2.2018 in Berlin

[BfV-3] Homepage Bundesamt für Verfassungsschutz: Rede von BfV-Präsident Thomas Haldenwang auf dem 22. Europäischen Polizeikongress am 20. Februar 2019 in Berlin

[BfV-4] Homepage Bundesamt für Verfassungsschutz: GTAZ, GIZ

[FAZ-10] FAZ Online, 2.11.2013: Vom Täter zum Opfer

[HEISE-2] Homepage Telepolis, 8.1.2019: EU-Kommission will künstliche Intelligenz zur Überwachung nutzen

[MS-1] Homepage entwickler.de: KI – Microsoft erreicht Spracherkennung auf Menschenlevel

[NSC-1] New Scientist Online, 26.11.2018: Exclusive: UK police wants AI to stop violent crime before it happens

5.2: Digitalisierung und politische Beeinflussung

[Wikipedia-3] Homepage Wikipedia: Fake News

[KEK-1] Die Medienanstalten: Sicherung der Meinungsvielfalt im digitalen Zeitalter, Schriftenreihe der Landesmedienanstalten Nr. 52, Berlin 2018

5.3 Digitalisierung und Nachhaltigkeit

[GESJ-1] Homepage Global Energy Statistik Jahrbuch 2018: Tendenz 1990 – 2017

[GOLEM-1] Homepage Golem, 6.1.2019: 100 Millionen verkaufte Alexa-Geräte

[FAZ-6] Frankfurter Allgemeine Sonntagszeitung, 11.11.2018: Paketboten am Limit

[ÖKOI-1] Öko-Institut e. V.: Forschung zum free-floating Carsharing, Freiburg 2018

[Santorius-1] Tilmann Santorius: Der Reboundeffekt, Wuppertal Institut für Klima, Umwelt, Energie; 2012

[SWR-1] Homepage SWR Wissen: Faktencheck Ökobilanz von Suchmaschinen

[WBGU-1] Homepage WBGU: Impulspapier: Digitalisierung – Worüber wir jetzt reden müssen

[BECI-1] Homepage Digiconomist: Bitcoin Energy Consumption Index

6. Gestaltungsspielräume bei der Digitalisierung erkämpfen
6.1 Die Nichtbeteiligung der Zivilgesellschaft

[BMWE-8] Plattform Industrie 4.0 (Hg.): Industrie 4.0 gemeinsam gestalten – Beitrag der Sozialpartner zu guter Arbeit, Aus- und Weiterbildung, Bundesministerium für Wirtschaft und Energie, Berlin 2018 (Dezember)

6.2 Gewerkschaftliche Positionen in einzelnen Branchen

[FCW-1] Homepage ›Fair Crowd Work‹: Die Frankfurter Erklärung zu plattformbasierter Arbeit (PDF)

[DGB-1] Beschäftigte des öffentlichen Dienstes dürfen nicht untergehen, Flugblatt dgb aktuell 04/17 des DGB Baden-Württemberg

[IGM-1] Transformation gerecht gestalten, in: Metallzeitung Jan./Febr. 2019, S. 28

[IGM-2] Transformationskongress der IG Metall am 30.Oktober 2018, Statement von Jörg Hofmann in Bonn am 30.10.2018

[VERDI-3] Annette Mühlburg: Begrüßungsrede beim ver.di-Digitalisierungs-kongress 2018, Vollständiger Bericht zur Digitalisierungskonferenz 2018 in Kassel

[VERDI-4] Daniel Behruzi, Digitalisierung im Handel: Betriebsräte und ver.di gestalten mit, Vollständiger Bericht zur Digitalisierungskonferenz 2018 in Kassel

7. Die Macht der Internetkonzerne

[Srnicek-1] Nick Srnicek: Plattform-Kapitalismus, Hamburg 2018

8. Perspektiven

[Srnicek-2] Zeit Online, 25.2.2018: Wir müssen über Verstaatlichung nachden-ken

[Wright-1] Erik Olin Wright: Untergraben wir den Kapitalismus, in: Blätter für deutsche und internationale Politik, Heft 10/2017

Weiterführende Literatur

[Klaus-2] Georg Klaus: Kybernetik und Erkenntnistheorie, Berlin 1972

[Sendler-1] Ulrich Sendler (Hg.): Industrie 4.0 grenzenlos, Berlin/Hamburg 2016

[Sendler-2] Ulrich Sendler: Das Gespinst der Digitalisierung, Wiesbaden 2018

[Schwarzbach-1] Marcus Schwarzbach: Work around the Clock?, Köln 2016

[Srnicek-1] Nick Srnicek: Plattform-Kapitalismus, Hamburg 2018

Marcus Schwarzbach

Work around the clock?

Industrie 4.0,
die Zukunft der Arbeit
und die Gewerkschaften

Paperback | 138 Seiten
ISBN 978-3-89438-610-8
€ 12,90 [D]

Digitale Arbeit bestimmt zunehmend die Unternehmensstrategien. Crowdworking, mobile Arbeit und ständige Erreichbarkeit setzen die Beschäftigten
unter Druck. Industrie 4.0 ist keine Science-Fiction aus dem Labor. Sie
hält längst Einzug in die Betriebe. Großunternehmen haben sich mit der
Wissenschaft zusammengeschlossen, die Bundesregierung fördert dies
mit Millionenbeträgen. Ziel ist die Flexibilisierung der Produktion auf Basis
neuester Informationstechnologien: Die Fertigungsketten sollen in kleine,
wie Bausteine kombinierbare Einheiten aufgeteilt werden, die alle über ein
Netzwerk miteinander verbunden sind. In Sekundenbruchteilen tauschen sie
Daten über aktuelle Aufgaben, anstehende Aufträge und vorhandene Kapazitäten aus. Technik kann zur Vorbereitung, Ausführung und Entscheidungs-
unterstützung dienen – sie kann aber auch vorbestimmte Arbeitsweisen
aufzwingen und Anpassung einfordern. Letztendlich stellt sich die Frage:
Entscheidet der Roboter oder der Mensch? Um welche Herausforderungen
es hier geht, zeigt dieser Band.

PapyRossa Verlag
mail@papyrossa.de – www.papyrossa.de

VERLAGSANZEIGE

Werner Rügemer

Die Kapitalisten des 21. Jahrhunderts

Gemeinverständlicher Abriss zum Aufstieg der neuen Finanzakteure

2., erweiterte Auflage
Paperback | 361 Seiten
ISBN 978-3-89438-675-7
€ 19,90 [D]

Neue Finanzakteure haben nach der Finanzkrise die bisherigen Groß-
banken abgelöst. Blackrock & Co sind nun die Eigentümer von Banken und
Industriekonzernen. Hinzukommen Private-Equity-Fonds, Hedgefonds,
Wagniskapital-Investoren und Investmentbanken. Mit Digital-Giganten wie
Amazon, Facebook, Google, Microsoft, Apple und Uber haben die neuen
Finanzakteure schon vor Donald Trumps »America First« die US-Domi-
nanz in der EU verstärkt. Arbeits-, Wohn-, Ernährungs- und Lebensver-
hältnisse: Die neue Ökonomie dringt in die feinsten Poren des Alltagsle-
bens von Milliarden Menschen ein. Die Kapitalisten des 21. Jahrhunderts
verstecken ihre Eigentumsrechte in vier Dutzend Finanzoasen, fördern
rechtspopulistische Politik, stützen sich auf eine zivile, transatlantische
Privatarmee von Beratern und kooperieren in Silicon-Valley-Tradition mit
Militär und Geheimdiensten. Ein Systemvergleich des »westlichen« mit
dem kommunistisch geführten Kapitalismus Chinas umreißt
eine alternative Logik.

PapyRossa Verlag
mail@papyrossa.de – www.papyrossa.de